U0383478

环境生态导向的
建筑复合表皮设计策略

The Design Strategy of Ecology-Oriented
and Environmentally Friendly Architecture Integrated Skin

庄惟敏 祁斌 林波荣 著

中国建筑工业出版社

北京奥运会射击馆生态呼吸式幕墙外侧的
遮阳百叶（摄影：张广源）

前　言

　　建筑物的围护结构又称为建筑的表皮，是建筑的皮肤，它不仅具有表情，能表达建筑的精神内涵和文化意义；同时它是建筑与外界环境接触交流的主要界面，具有很强的功能意义，关乎建筑使用的健康、舒适，与建筑能耗、效率、寿命紧密相关，影响建筑热环境、光环境、风环境、声环境以及视觉环境等，是实现建筑功能的重要元素。

　　建筑行业是国民经济的支柱产业，也是耗能、碳排放巨大的行业。目前我国建筑能耗和二氧化碳排放已经占我国全社会总排放的25％以上，并且持续快速增长。根据对不同类型建筑能耗组成的统计，绝大多数建筑中采暖空调所占能耗比重最大，可占到建筑物运行总能耗的40％以上。而在建筑物的采暖空调能耗中，受外围护结构（即表皮）性能的直接或者间接影响最大。以北方采暖地区住宅建筑为例，在占总能耗65％的采暖能耗中，除了1/4左右能耗是由于供热系统调节不均、效率低下造成之外，其余基本上都是由围护结构散热所引起。一些室内发热量大的大型公共建筑，如大型商场、高级写字楼等，由于围护结构的不合理设置，采用全玻璃幕墙或表皮开窗过大，使得建筑对外热损失过大，或很难利用自然通风来进行散热等，直接导致了建筑物空调能耗的居高不下。此外，表皮性能还直接影响室内照明能耗，对建筑采光及内部光环境质量等有直接影响。有研究指出，在建筑物使用过程中有近一半的能源消耗是由表皮性能直接或间接造成的。同时，表皮对于建筑物内部声环境和室内空气品质也会带来显著而直接的影响，直接关系到建筑的使用舒适度，特别是在环境状况不断恶化、雾霾日趋严重的当今中国，建筑表皮不仅表达着建筑的外观效果，更关乎使用者的身心健康。

在当今中国建筑界纷繁的创作思潮中，科学理性创作观是一种基于技术合理性和系统科学性的创作方法。在当下，倡导更加理性客观的建筑生成逻辑和审美价值，直视环境现状，以科学、积极的态度和有效的技术手段回应环境问题，是科学理性创作观的鲜明表达，也是生态建筑设计创作方法论的有益探索。尽管近些年来对建筑表皮的研究越来越引起业界的关注，提高热工性能的构造措施、改善声学性能的外墙做法、寻求自然采光的立面设计及空间营造等，也有一些成果的实现，但因上述目标的达成往往各自之间会形成矛盾，因而综合效益并不显著，更有一些设计师抓其一点不计其余，造成整体能耗增高，综合效益下降，一些单一的设计手法也都变成了所谓生态的装饰符号。所以，加强对建筑表皮系统的设计方法、创作逻辑和相关技术准则的研究，尤其是以科学逻辑的方法，系统地整合建筑表皮各种性能优化的综合建构技术，提出综合提高建筑复合表皮的设计观念及准则对推动建筑创新、改善建筑与环境的相互关系、从设计本质上提升建筑整体节能环保性能、创造良好的室内环境方面尤显重要。

本书汇集了作者十年来以环境生态为导向的建筑复合表皮系统的创作方法、工程设计关键参数与工程实践的成果，包括基于环境生态性能优化策略的建筑复合表皮建构理念及设计方法，即将环境性能优化作为设计出发点及主导价值观，并集成最新的生态节能技术、空间环境模拟优化技术、新材料与复合构造技术、智能控制技术等，在建筑不同层面的表皮设计中实现对不利环境的主动控制、对特殊功能需求的有效回应。创作过程中，将环境性能优化作为设计出发点，提出从气候策略、材料策略、技术策略、能源策略和细部策略，融入建筑策划、概念设计、方案设计、扩初设计和施工图设计各环节，从热环境、光环境、声环境、风环境、视觉与文脉等角度对建筑复合表皮环境生态性能和建筑体形空间平面进行优化。最终通过复合表皮表达独特的建筑创作理念，体现回归技术合理逻辑基础之上的建筑审美价值观，并将以上设计策略及技术集成应用于国家重点建设项目工程设计和技术咨询的项目实践中，包括北京奥运会射击馆、北京奥运会柔道跆拳道馆、国家网球中心新馆、徐州美术馆、北京花博会主展馆、徐州音乐厅、广州珠江新城等项目的全过程创作或某一表皮的设计优化实践。

书中成果不仅包括作者在以环境生态为导向的建筑复合表皮系统设计创作方法与工程设计关键参数研究成果方面的心得，通过跨领域研究得到的一些关键技术准则，还汇总了一批国内外重要的可持续建筑项目在表皮系统设计及实施过程中的关键技术资料。

本书作为国家十二五科技支撑项目"公共机构绿色节能关键技术研究与示范"的分课题研究成果，将纳入十二五科技支撑项目计划。

本书在出版过程中得到了各方人士的大力帮助，中国建筑工业出版社的徐冉编辑在选题和版式方面给予大力支持，清华同衡声学所石惠斌先生提供部分声学设计及检测资料，清华大学建筑学院研究生周真如、彭渤、孙佳敏、曾剑龙和袁园在资料搜集、文字编辑和图文排版方面协助巨大，还有诸多参与本书述及项目实践并贡献巨大的同事同僚，恕不一一提及姓名，在此表示由衷的感谢！本书的出版获得国家科技支撑计划课题（2012BAJ09B03，2013BAJ15B01）的支持，在此一并感谢。

期望本书能为我国实现可持续城镇化和生态文明建设贡献微薄之力！

庄惟敏 祁斌 林波荣

2014 年 6 月

徐州音乐厅复合玻璃表皮局部 (摄影：陈尧)

目录

徐州美术馆二层平台局部（摄影：张广源）

第一章　环境生态性能导向下的建筑创作方法

1.1 背景

当前，忽视功能、对立环境、形式优先、表皮游戏等不适当的设计手法使一些建筑创作走向歧途，导致畸形审美、空间浪费、效率低下、建设和运营成本攀升等诸多弊端。这种不良倾向直接导致建筑创作方向迷失、价值观混乱，亟待从建筑创作的方法论层面对建筑设计的思维逻辑、价值倾向、技术集成、评价原则等进行深层次研究，倡导科学、可持续的建筑创作理论及技术体系，推动建筑创作走向健康持续发展。以此为目标，本书针对建筑复合表皮系统的创作方法、设计流程等展开系列化的研究与实践。

图 1.1 建筑全寿命周期的环境策略
（祁斌．日本可持续的建筑设计方法与实践．世界建筑，9902.）

不断的实践和研究已经证明，在大多数建筑和气候条件下，建筑表皮在热、光、通风方面的物理性能很大程度上影响其内部的建筑物理环境水平。因此，以适应气候为目的的建筑表皮应具有以下特征：降低气候不利条件的影响而满足室内使用者舒适需求的建筑物理环境，同时最大程度地利用外部资源，从而减少能耗。

建筑复合表皮是一种集建筑意向、功能、生态等设计逻辑为一体的综合化表皮体系，通过复合表皮系统化的设计，形成对建筑环境、文脉、特殊功能等需求的系统性有效回应，形成更加理性客观的建筑生成逻辑。在当下，尤其重视正面环境问题，以科学、积极的态度和有效的技术手段回应生态、节能、减排等问题，提出一种基于环境性能优化策略的创新建构理论和设计方法，并倡导以技术逻辑为导向的建筑创作方法和评价策略。

开展以环境生态性能为导向的建筑复合表皮设计创作新方法的研究，从调研、把握国际上研究建筑复合表皮系统性能方面的最新进展开始。需要说明的是，尽管建筑复合表皮系统是本书讨论的最重要问题，但是在建筑创作过程中，表皮总是和建筑整体（包括体形空间平面）密不可分的，是构成建筑整体系统的一个组成部分。因此，在研究基于环境生态性能导向的建筑表皮创作理论和方法的同时，关注点并不局限于表皮系统。

图 1.2 Thomas Herzog 作品
（摄影：Archiv H+P）

国外研究现状

欧美发达国家在生态环境优化的建筑设计研究方面有大量先驱研究者。早在 20 世纪中叶，联邦德国柏林工业大学的 Frei Otto 教授基于自然逻辑的形态提出"生物气候建筑"（Bioklimatische Architektur）的概念，其仿生学的理念对于建筑气候适应性研究不乏启发意义。[1]此外，众所周知的，德国著名建筑师 Thomas Herzog 教授是欧洲当代生态建筑设计研究的先驱，他在欧洲高纬度地区生态建筑设计的道路上持续进行了多年的探索，其建筑作品也为环境生态优化的建筑设计提供了典范。美国较早开始建筑与气候关系研究的是 Victor Olgyay 与 Aladar Olgyay 建筑师兄弟，早在 20 世纪 70 年代就系统地研究了地方建筑与气候的关系、地方特色与气候的关系，并提出一种环境优化的建筑设计方法——生物气候学设计，创造了独特的"生物气候图表法"。[2]美国研究者擅长利用计算机模拟手段对建筑表皮系统的性能进行模拟优化，代表机构有美国加州的 LBNL（Lawrence Berkeley）国家实验室、卡耐基·梅隆大学的建筑性能研究中心、[3]麻省理工学院的建筑技术研究组、宾夕法尼亚大学的建筑技术中心、佐治亚理工大学的建筑系等。而在亚洲地区，则以日本东京大学的生产技术研究所、[4]新加坡国立大学建筑系的研究较为突出。在欧洲，主要是以英国的剑桥大学、诺丁汉大学与卡迪夫大学为主。

图 1.3 Lawrence Berkeley 国家实验室（来源：百度图片）

国外学者在建筑复合表皮体系动态性能方面的研究和实践亦不少。其中，以美国卡耐基·梅隆大学建筑学院的 Volker Hartkopf 教授领导的高性能建筑研究小组为代表，几十年的研究积累形成了大量关于高性能建筑表皮体系的成果，其中有运用实例研究和模拟分析的方法对智能、动态建筑表皮体系的可持续研究。其研究思路以基于当前已有的建筑实践或装置设施案例分析智能建筑表皮作品为代表，但是这些研究多数为定性描述，定量研究成果偏少，实际工程的应用也缺乏报道。

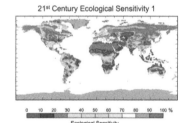

图 1.4 全球生态系统敏感度图（来源：http://www.crkmaya.com/post/1321）

近几年，以动态立面为特征的模拟分析研究开始出现，通过建立数学模型的方式，对动态建筑立面参数的能耗和室内物理环境进行过研究。所涉及的动态立面性能包括开窗大小、遮阳、墙体热工性能与玻璃透明度等，室外气候条件因子包括太阳辐射强度、空气温度、下垫面温度等。然而，这些研究分析主要是基于数学模型的模拟结果，缺乏对建筑表皮形态与模型的交互研究。此外，也有部分建筑复合表皮体系的研究集中在特定产品性能验证与室内人行为的关系上。例如美国 LBNL 实验室的建筑外窗与遮阳小组，通过等比模型对电致变色的智能玻璃系统进行了室内

① http://www.freiotto.de
② Victor Olgyay. Design with climate—bioclimatic approach to architectural regionalis. Princeton：Princeton University Press，1973，22
③ www.cmu.edu. Center of Building Performance
④ http://www.iis.u-tokyo.ac.jp/index_e.html

条件监控、能耗与行为反应的研究。

综上所述，先进国家在气候环境与建筑的关系及建筑表皮技术领域的研究和实践开展较早，且已经取得相当的成果。然而，如何与设计创作相结合，相关报道甚少。当然，此类设计策略多是"自然环境决定论"的衍生物，对于"如何令生态建筑表皮设计适应于社会人文生态环境"之问题，还有待更多探讨。

国内研究现状

国内对于建筑复杂表皮体系的研究和关注并不少见，但多以局部材料构件和特定技术的分析为主，设计方法和技术研究的融会贯通方面尚显不足。清华大学是国内较早进行建筑节能和生态建筑研究的单位，清华大学建筑学院进行了大量关于建筑节能的深入研究。如谢亚莉的《在建筑设计实践中注入生态观》，王朝晖的《中国可持续建筑理论框架与使用技术的探讨》，宋晔皓的《结合自然，整体设计，注重自然的建筑设计研究》的博士论文，对"环境生态"、"可持续性建筑设计"等论题进行了有益探讨。重庆大学多年从建筑技术角度探讨建筑节能问题，在建筑热工领域有显著成果，研究范围包括传统建材及构造方式的热工效应、设备的隔热效果等。类似地，同济大学徐佳从玻璃材料性能入手，对作为建筑表皮重要元素的窗和幕墙进行了一定分析。华中科技大学的余庄、张辉以夏热冬冷地区建筑为例，研究了其动态复合围护结构的原理和性能，将建筑立面组成部分与室内热交换废气连接，满足了对环境的调节和室外气候的适应。类似的研究还包括对光致变色玻璃、动态遮阳技术的分析。华中科技大学李保峰等人的可变化建筑立面及其实体模型研究，针对双层皮幕墙，通过实体模型的连续测试和实验结果建立了双层皮幕墙立面参数与室内物理环境指标之间的关系，为建筑的复合表皮体系在我国特定气候条件和建筑类型下的气候适应性研究提供了一定理论数据支持。

从研究方向来看，目前国内研究主要包括以下三个方面：

1. 分类介绍为主

李静等对办公建筑表皮的绿色生态改造研究，提出以双层皮幕墙、中边庭为核心，并结合表皮绿化生态设计技术手段，旨在加强建筑表皮缓冲作用，降低机械设备使用率，改善室内环境质量。刘漠烟在德国住宅的复合生态表皮研究中提出复合的生态表皮即是通过多方位、多角度的筛选，创造良好的室内物理环境。惠超微在高层办公建筑表皮可持续设计研究中从室内光环境、热环境、风环境、声环境需求方面分别提出对表皮可持续设计的要求，接着分别针对这几方面，通过案例分析、文献调研、量化模拟等方法对高层办公建筑表皮可持续设计方法进行了研究与总结。顾振明针对高层生态设计及设计理念，从形态设计、生态表皮、太阳能利用、空中庭园等角度对其进行了探讨。刘瀛对建筑表皮的生态研究，以概念、整体、细部三个生态表皮"空间化"的生成环节为取向来分析其形态的多样性，确定其中决定环节主要是最基本的对于生态功能的追求。倪欣等通过讨论绿色表皮的概念及其对于现时代建筑创作的重要意义，并通过国内外的建筑实例，图文并茂地阐述和展现了建筑绿色表皮的七种类型，期望对当下中国建筑师的建筑创作有所助益。朱茜对绿色生态建筑表皮在现代公共建筑中的应用进行了研究。董振华对生态建筑材料在建筑表皮设计中的表达进行了相关研究。安赛对夏热冬冷地区多层表皮建筑立面系统进行了相关研究。

图1.5 《结合自然，整体设计，注重自然的建筑设计研究》封面

2. 评价体系为主

高英略对严寒地区建筑生态表皮评价进行研究，在建立的严寒地区建筑生态表皮评价体系的基础上，对严寒地区几种表皮构造形式进行了全生命周期模糊综合的评价。王菲菲在建筑表皮生态化分层设计方面进行了初探，通过资料的收集和归纳，对当前建筑表皮生态化分层设计的建筑实例及其背后的方法作了较为深入的考察和分析，以寻求它们的内在联系并形成自己的观点和评价。

图1.6 《建筑表皮：夏热冬冷地区建筑表皮设计研究》封面

3. 设计方法流程为主

杨涛对玻璃表皮的生态设计策略进行了研究，分析了一些改善玻璃热工性能的生态设计策略。李钢等分析了国外三个建筑实例，揭示了通过发展和完善建筑"表皮"、"腔体器官"功能及两者协同作用的生态策略。惠超微等对既有建筑表皮绿色改造策略进行了研究。王刚等分析建筑与建筑表皮之间的关系，通过"生态化"设计理念的引入，提出表皮的生态化设计，从大师的足迹中引申表皮设计生态化表达的特点及其途径。张啸对建筑表皮生态设计策略进行研究。张剑等对建筑表皮系统和建筑节能的关系进行了讨论，通过对表皮系统的合理设计以进一步降低建筑

能耗，达到节约能源的目的。李振宇等在分析和比较住宅表皮系统与能源消耗关系的基础上，通过实例研究总结了当前欧洲生态节能住宅表皮设计的特征和发展趋势，强调住宅表皮对环境气候的适应和调节能力。隋浩对生态建筑的表皮空间化设计进行研究，结合案例分解与整合表皮空间中的功能构件，归纳出生态表皮空间扩展的形式规律与方法。李保峰对适应夏热冬冷地区气候的建筑表皮之可变化设计策略进行了相关研究。

总的来看，一方面中国大学和专业研究所的研究以宏观生态设计理论和技术研究为主，第一手资料较少，可操作层面的研究和实践较少；另一方面，国内关于建筑表皮的设计研究多局限于对形式的探索，而鲜有从"适应气候变化"的角度进行量化研究。表皮设计策略与建筑空间优化之关系的研究亦不多。

1）提及生态表皮定义的文献较少，出现的定义大多是针对"表皮"而不是"生态表皮"。多数文献都是分几类来分析和介绍生态表皮。

2）分类的方式有很多种，大致总结如下：从技术大的类别出发，分为双层皮、种植表皮、智能表皮；从功能出发，分为绿色种植表皮、光伏发电表皮、采光保温幕墙表皮、自然通风表皮；从技术的程度出发，分为原生态表皮、高技术表皮、多重化表皮。

3）设计策略构造措施（材料的特性），动态调节。

4）外文文献有关表皮的译法基本分为两种：双层皮幕墙 Double Skin Facade，简称为 DSF 和智能表皮 Intelligent Skin，多数是有关能耗的定量讨论，研究文献较多，但是综合能耗、建筑热环境、光环境、风环境、声环境以及视觉环境，并与建筑创作流程相结合的研究总体并不多见。

1.2 以环境生态性能优化为导向的建筑创作策略

本书研究对象是建筑围护系统，不但包括建筑表层，如立面（外墙、幕墙）和屋顶等，还延伸拓展到建筑表层区域，关注建筑与外界环境相关的整个层面，提出复合表皮的对应策略。研究的重点是"表皮"（skin）而非"立面"（elevation 或 facade），目的在于强调其对于环境的适应调节功能，而不仅仅是造型和表情层面。

在建筑表皮设计中融合最新技术，实现建筑功能并表达独特的建筑创作理念，期望从建筑创作的方法论层面对建筑设计的思维逻辑、价值倾向、技术集成、评价原则进行深层次研究，倡导科学、可持续的建筑创作理论及技术体系，推陈出新、锐意进

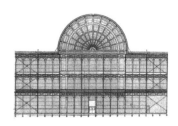

图 1.7 1851 年的万国工业博览会伦敦水晶宫的立面（来源：上海世博会官方网站）

取，推动建筑创作更加健康科学发展。

　　基于对国内外相关研究最新进展的持续把握与充分理解，提出一种基于环境生态性能优化策略的建筑复合表皮建构理念及设计方法，其宗旨是将环境性能优化作为设计出发点及主导价值观，集成最新的生态节能技术、空间环境模拟优化技术、新材料与复合构造技术、智能控制技术等，在建筑方案创作阶段和后续的扩初、施工图阶段，探索在建筑不同层面的表皮设计中实现对不利环境的主动控制、对特殊功能需求进行有效回应的方法。同时通过复合表皮表达独特的建筑创作理念，体现回归技术合理逻辑基础之上的建筑审美价值观。下图即为对上述创作理念和流程的简要总结。

　　环境生态（Environmental Ecology）就是"由生态关系组成的环境"的简称，是指与人类密切相关的，影响人类生活和生产活动的各种自然和社会力量（物质和能量）或作用的总和。一般可以分为自然环境和社会环境。生态环境系统的平衡是动态的平衡[1]。基于环境生态性能优化策略的技术包括：空间环境模拟优化技术、智能控制技术、图像解析技术、新材料与复合构造技术等。

　　空间环境性能模拟优化技术主要针对建筑表皮和室内空间平面的综合环境性能，即热工性能（传热系数、热惰性）、太阳辐射接收和遮蔽能力（遮阳系数）、采光系数、隔声性能、自然

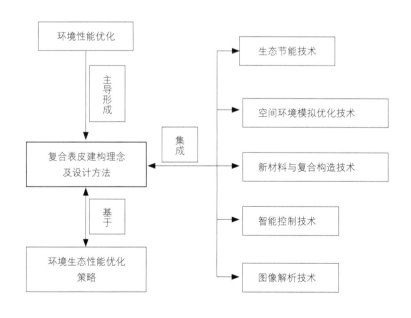

图1.8　建筑表皮、使用者要求及气候条件关系图

---

① 　百度百科 http://baike.baidu.com/subview/30803/11138840.htm?fr=aladdin

通风等，通过计算机模拟方法进行预测和综合优化。计算机辅助优化设计作为目前一种先进的设计理念和方法，能够利用计算机模拟软件进行精细化设计，可以进行各种环境性能分析，如热岛、建筑热工、风场、日照、采光、通风等，也可以模拟分析高性能的围护结构部件、节能的冷热源系统、高效的暖通空调设备和各种可再生能源利用技术。应用到的计算机模拟技术主要有以下几个方面，如室外风环境模拟、热岛模拟、自然通风模拟、热工性能模拟、自然采光模拟、室内外声环境模拟、空气品质模拟等。这些方面的模拟能够有效地优化建筑表皮性能设计，达到低碳节能的目标。例如，通过室外风环境的模拟，获得不同季节的室外风场分布，可以作为调整建筑布局、优化体形设计等的依据，还可以作为建筑室内自然通风模拟的输入参数，进而评价室内自然通风效果；通过建筑表皮热工性能的模拟，可以优化体形和朝向设计，如体形系数、窗墙比、墙体保温构造、窗户选择等，使建筑拥有良好的热工性能，降低运行能耗和碳排放；通过自然采光模拟，可以评价室内采光条件，优化自然采光效果，减少眩光，降低空调采暖和照明能耗，达到低碳目标。

智能控制技术主要用来解决那些用传统方法难以解决的复杂建筑表皮的运行方式和控制问题，也是智能表皮系统或性能可调节表皮系统的核心所在。一般说来，建筑物使用过程中承担的功能主要有视野、采光、遮阳与隔热、保温、通风、隔声等六大方面。随着季节的更替、昼夜的变化，表皮在建筑运行过程中所表现出来的主要矛盾有：保温与散热、遮阳与得热、采光与遮阳、通风与密闭、保温与太阳得热、防潮与结露等。要解决上述矛盾，需要引入智能控制的方法和策略，对建筑物的功能需求进行仔细分析和准确应答。例如，对于热量的需求，需要准确了解建筑物什么时候需要热量，什么时候不需要热量（即需要散热或者隔热）；建筑物需求的变化要求建筑表皮的性能能够实现可调节；此外，基于需求分析，还需要平衡建筑表皮系统的声光热物理热工性能，也即建筑表皮系统智能解决矛盾的能力。

图像解析技术指的是利用数学模型并结合图像处理的技术来分析底层特征和上层结构，从而提取具有一定智能性的信息，现在常用数字图像处理（Digital Image Processing）技术来解析相关制约因子，形成独特的表皮肌理原型。在复合表皮应用里强调的是将建筑表皮的图案特征和能耗、热环境、光环境、风环境、声环境以及视觉环境影响叠加起来，通过最新的计算机辅助软件手段以及复合的图像学技术,在空间创作和环境生态双重制约下,实现建筑美学和技术美学的数字图像化统一。非线性建筑设计中常用的 MAYA SCRIPT、RHINO SCRIPT、GRASSHOPPER 等软件都是最新数字图像处理技术运用的有效辅助软件。

新材料和复合构造技术的应用引入了一些新型的表皮材料、结构体系和细部构造等,新型材料包括结构材料和功能材料。其中结构材料主要是利用材料的力学和理化性能,以满足高强度、高刚度、高硬度、耐高温、耐磨、耐蚀、抗辐照等性能要求;功能材料主要是利用材料具有的电、磁、声、光热等效应,以实现某种功能,如相变材料、半导体材料、光敏材料、热敏材料等。新型构造包括通风外墙、双层皮幕墙构造体系、点幕等。

1.3 基于环境适应、技术合理逻辑的建筑评价体系及审美逻辑

简单回顾建筑表皮发展历程,不难发现建筑的表皮从来就是风格与主义的晴雨表。古典主义设计的重要内容是推敲立面,渲染训练及构图训练的内容是立面基于古典审美原则的基本比例关系,功能、表皮和对环境的应对完全服从于经典的构图关系。"现代主义"始于包豪斯,强调建筑要随时代而发展,建筑师要从研究和解决建筑的实用功能和经济问题出发做设计,在建筑设计中发挥新材料、新结构的特性,建筑表皮摆脱了建筑经典样式的束缚,放手创造了新的建筑风格和建筑美学。

图1.9 国立巴黎美术学院古典主义立面(来源:谷歌图片)

20 世纪 60 年代以后兴起的后现代主义的建筑设计,是以反现代主义建筑主张开始的,可以用文丘里在《建筑的复杂性和矛盾性》中的描述来形容:"建筑师再也不能被正统现代主义的清教徒式的道德说教所吓服了。我喜欢建筑要素的混杂,而不要'纯净';宁愿一锅烩,而不要清清爽爽;宁愿要歪扭变形的,而不要'直截了当'的;宁愿要暧昧模糊,而不要条理分明、刚愎、无人性、枯燥和所谓的'趣味';我宁愿要世代相传的东西,不要'经过设计'的;宁愿要随和包容,不要排他性,宁可丰盛过度,不要简单化、发育不全和维新派头;宁愿要自相矛盾、模棱两可,不要直率和一目了然;我赞赏凌乱而有生气甚于明确统一。我容许违反前提的推理,我宣布赞成二元论。"这也许就是我们这个时代出现那么多让人说不清道不明的建筑事件,全社会似乎都异常纠结于建筑形式的根源所在。

图1.10 现代主义建筑:包豪斯校舍(来源:谷歌图片)

图1.11 文丘里《建筑的复杂性和矛盾性》封面

如今的时代已经步入关注人类生存和可持续发展的阶段,建筑思潮已经不能用简单的某种风格或者流派来概括,建筑设

计也面临方向性选择。"如果站在人类生存的高度看待建筑表皮的设计，唯有注重生态的建筑师关注的问题更加具有本体意义"。[①] 其实，早在 1933 年，柯布西耶在《空气、声音、光线》中就这样写道："把建筑设计转到科学思维上来"。倡导更加理性客观的建筑生成逻辑和审美价值，在当下直视环境问题，以科学、积极的态度和有效的技术手段回应环境问题，是科学理性创作观的鲜明表达，也是生态建筑设计创作方法论的有益探索。为此，提出一种基于环境生态性能优化策略的建筑复合表皮建构理念及设计方法，呼吁通过复合表皮来解决建筑呼应环境和生态的问题，为可持续发展建构一个更加客观的建筑评价体系。

环境适应

建筑本质上是一个借（用）以防止风、雨、冷、酷暑及野兽侵袭的遮蔽所（shelter），而建筑的表皮则是用以创造安全领域的物质界限。建筑表皮应该具有如下功能：采光、通风、防湿、防热及保温、防风、防眩光、防视线干扰、提供视线联系、安全（security）、保安（safety）、防止机械冲击、防噪声、防火、获取能源等。建筑表皮的气候适应能力是决定建筑生态性能的重要评价。下图表示了气候条件、使用者要求、建筑能耗与建筑表皮的关系。

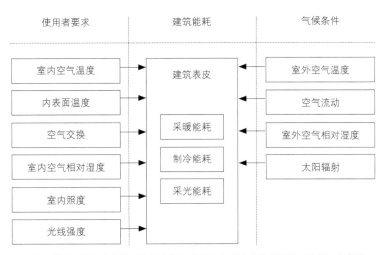

图 1.12　基于环境生态性能优化的建筑复合表皮集成技术构成框架（来源：李保峰，建筑表皮：夏热冬冷地区建筑表皮设计研究．北京：中国建筑工业出版社，2010．）

① 李保峰．适应夏热冬冷地区气候的建筑表皮之可变化设计策略研究．清华大学博士论文，2004．

技术合理

表皮的物理特性取决于其结构、构造层的顺序以及材料本身的性质，生态特性又与功能目标的设定有关。表皮的材料及构造方法的选择则决定了建筑能耗及外观形态。从生态眼光看，建筑的表皮设计应该具有理性的技术合理为基础，而不应仅仅是"纯表现"的随意畅想。建筑的合理审美价值应当建立在技术合理的前提之上，这也是建筑有别于艺术、建筑设计有别于艺术创作的非主观性根本性区别之一。

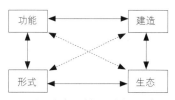

图 1.13　建造、功能、形式及生态之关系（来源：李保峰，建筑表皮：夏热冬冷地区建筑表皮设计研究．北京：中国建筑工业出版社，2010.）

图 1.14　从日照、风、温度等多层次分析研究城市空间（来源：《可持续城市与建筑设计》，p44）

1.4 以环境生态性能优化为目标的多学科融合的建筑设计方法

笔者希望倡导的是，在建筑设计中，将环境性能优化作为设计出发点及主导价值观，并集成最新的生态节能技术、空间环境模拟优化技术、新材料与复合构造技术、智能控制技术、图像解析技术等，在建筑不同层面的表皮设计中实现对不利环境的主动控制、对特殊性能需求的有效回应。

综合设计

　　复合建筑表皮设计是一项系统性整合的设计工作，它需要建筑师、结构师、设备师等设计人员具有环境性能优化的概念和相应的工作协作平台。这种多专业、多层次、多阶段合作关系的介入，需要在整个建筑实践的过程中（包括策划、设计、施工、调试、运行和拆除等阶段）建立有效的协作机制。为此，针对以环境生态性能优化为目标的建筑设计，本书提出综合设计（Integrated Design）的复合表皮设计策略。在传统的项目设计过程中，建筑方案（包括围护结构）几乎都是由建筑师来设计完成的，而水、暖、电等设备工程师在初步设计阶段才开始介入，而且工作配合仅基于已经确定的建筑基本布局体系及表皮体系。而复合表皮系统，所承担的保温、隔热、通风和采光等作用之间的相互影响更加复杂，这要求建筑方案设计不但考虑到空间造型和建筑审美，更要整合基本的建筑生态应对体系。在方案阶段就形成完整的建筑环境应对策略，提高建筑的节能性能，从而为建筑的整体可持续性打下良好的基础。[①]因此，方案创作初期各专业就必须介入。

动态设计

　　基于动态平衡的环境优化原则，反馈式的动态设计将逐渐取代静态的设计过程。动态设计包括如下层面：
　　1）建筑物之间的；
　　2）建筑全寿命周期内的；
　　3）建筑内部各个系统之间的。
　　动态设计包含从规划到建筑、从建筑整体到细节、从建筑单一建造过程到全寿命使用周期的多维度多层面的动态思考体系。

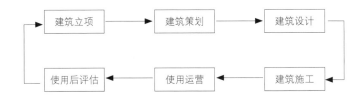

图 1.15　建筑设计全周期过程

① Lee E, Selkowitz S, Bazjanac V, et al. High-performance commercial building facades. Berkeley: U. of California, 2002: 29-60.

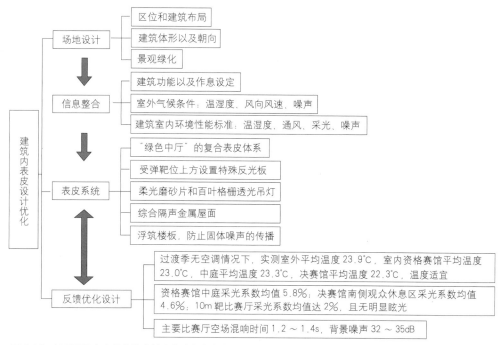

图 1.16　基于环境生态性能优化的建筑内复合表皮设计要点（以北京奥运会射击馆为例）

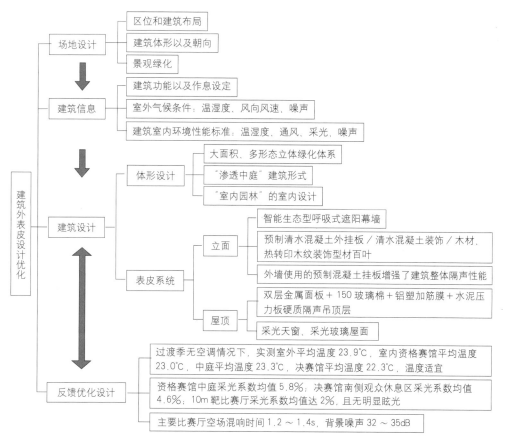

图 1.17　基于环境生态性能优化的建筑外复合表皮设计要点（以北京奥运会射击馆为例）

1.5 新的设计流程

　　建筑设计是循序渐进的过程，不同的阶段需要解决不同的任务要点；同时设计过程也是一个前后连贯的过程，需要整体化系统解决全案问题，不能将建筑创作与技术运用割裂开，更不能将技术理解为提升任何平庸设计的万能贴或者掩盖不合理建筑方案的遮羞布。

　　提升建筑从创作初期开始的系统合理性，尤其是建筑方案设计的科学合理性是当前建筑创作中需要解决的首要问题。从建筑设计的流程上来说，准备阶段主要消化项目任务书，了解基本情况，从而形成基本的"意象"；构思阶段是"意象"逐步

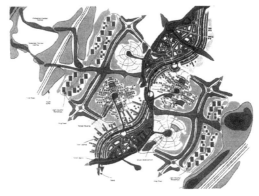

图1.18　在规划及建筑设计初期考虑气候环境因素案例（来源：《可持续城市与建筑设计》，p38）

完善并物态化的过程，主要考虑建筑布局、建筑造型、建筑功能区域的大致划分、建筑与周边环境的关系处理、建筑所表达的内涵等；完善阶段主要解决方案的技术性问题，完成建筑细部设计和建筑材料选择。表皮设计不是建筑师手中的"立面游戏"，专业化的技术配合、全程贯彻的技术合理性是支撑健康表皮的基本要素。

建筑节能设计现状

(a)　吉巴欧文化中心

(b)　仙台媒体中心
图 1.19　建筑创作充分结合生态理念的优秀案例（来源：谷歌图片）

　　国际能源组织在1995～1998年资助的IEA ANNEX30项目"模拟技术在建筑环境系统的应用"（Bring Simulation to Application）的子项课题"设计过程分析"中将建筑的全寿命过程分为7个阶段（方案设计、初步设计、细节（施工图）设计、设备招标、施工和调试、运行管理和建筑改造），其中方案设计是整个过程的"源头"。作为建筑师创作思维集中体现的方案设计阶段是建筑师充分发挥创作想象力、回应外部条件、形成建筑体态与形象的重要阶段，是决定建筑设计的关键阶段。另一方面，与节能相关的各要素，如建筑体形、建筑朝向、窗墙比、房间布局、围护结构主要热工性能等在方案阶段一旦确定就基本决定了整个建筑的基本耗能性能，因此方案设计是决定建筑节能成败的关键。

　　在建筑立意阶段就充分把握建筑的环境要点，将呼应环境、改善建筑内部环境、提升建筑应对环境能力作为设计出发点，有非常多成功的项目案例，如意大利建筑师伦佐·皮亚诺设计的南太平洋新喀里多尼亚岛上的吉巴欧文化中心将建筑造型的设计与自然通风的应用很好地结合，成为自然通风应用的成功案例；日本伊东丰雄的仙台媒体中心将采光井和通风井成功地结合，既改善了室内视觉效果，也实现了节能目的。

　　近几年随着"四节一环保"理念的提出与落实，尤其是《绿色建筑评价标准》的颁布、绿色建筑事业的推动，节能与环保成为我国建筑面临的重大课题。然而，目前大多数的建筑在方案阶段相对忽视建筑节能，不能从整体系统化角度考虑建立合理的建筑能耗健康体系。从设计流程来看，方案阶段的节能设计存在两种情况：一种是方案阶段没有能源环境工程师的介入，建筑师主要关心艺术、美学、建筑寓意等因素，在方案设计完成以后才开始考虑节能技术的应用；一种是在方案阶段就引入生态、节能、绿色等理念，也有能源环境工程师参与方案设计（以提供定性建议为主），但是能源环境工程师对应该如何与建筑师配合、采用

图 1.20　北京市某办公建筑（来源：谷歌图片）

怎样的模拟计算工具并不是很清楚，结果可能导致建筑方案对节能的理解不准确、实际设计并不节能。第一种情况与设计方式的改变有关，需要建筑师认识到方案阶段节能设计的重要性；第二种情况则需要通过深入研究，提出符合方案设计特点、满足方案设计需求的新方法，帮助建筑师设计真正的节能建筑，否则"建筑节能"将流于形式。

在某些建成的所谓"生态节能"的建筑中，节能理念被简单片面地理解为高节能性能材料和技术的堆砌运用，事实上，这些建筑在方案阶段过度追求某些建筑效果，如采用全玻璃幕墙以表达所谓通透性，后期又不得不运用大量遮阳措施、Low-E玻璃等技术手段来弥补整个表皮体系热惰性的不足，属于"前期挖坑，后期还账"的典型。这是非常需要杜绝的现象。

分析导致目前一些建筑节能设计整体水平不高的原因，还存在在设计的流程、辅助工具、分析方法等方面都有很大的欠缺。首先，需要提升设计者、项目决策者的建筑节能意识，这个可以通过国家政策标准的引导、法规体系的健全、建筑教育的完善等方面来逐步实现；设计流程的缺陷一方面需要从设计的体制完善上入手，同时也受辅助工具和分析方法影响。辅助工具和分析方法的研究目前是一个亟待解决的学术难点，需要相关技术领域实现重大的技术提升，该领域的提升还可能促进设计流程的改进和建筑师运用方法的改观，从而有效推动建筑节能设计。

建筑方案创作阶段生态优化思维介入过程

1. 准备阶段

准备阶段指建筑师从接受任务开始，到形成设计构思这一阶段，是对建设项目进行总体上把握的阶段，包括收集资料、现场勘察、把握设计关键点等。收集资料的内容，包括自然条件（气候）、城市规划对建筑物的要求、城市市政环境等，还包括项目所处的人文、历史特征。准备阶段需将收集到的资料有意识地归纳总结综合分析，特别是对其生态因素予以重点梳理，厘清各生态要素之间的逻辑关系，形成对项目全面而深入的基本了解。

对于建筑师，建筑表皮会涉及如下问题[1]：

---

① 李保峰，适应夏热冬冷地区气候的建筑表皮之可变化设计策略研究，清华大学博士论文，2004.

1）功能（Function）：建筑表皮起什么作用？如果它具有复合功能，这些功能分别是什么？

2）建造（Construction/tectonic）：建筑表皮由什么组成以及如何组成？

3）形式（Form/Style）：建筑表皮的外观形态如何？（包括构造的合理、视觉的愉悦及意义的表达）

4）生态（Ecology）：建筑表皮在建造、使用以及拆除时的能耗状况及对环境的破坏程度如何？

朝向、窗墙比、外遮阳、材料、通风策略是几个主要参数。初步设计（总体形态设计）阶段便涉及以上参数的优化，是因它们都关系到了建筑的投资金额、建造时间、视觉效果和能耗、环境性能。例如，如果把产热量大的房间排在南侧，将引起夏季过热。自然通风策略优化可以让设计者考虑如何在初期通过调整建筑形式和构造来改进。当然这些参数在设计初期也只是设想阶段，它们将在方案设计和详细设计阶段进一步细化。

2. 构思阶段

构思阶段指建筑物各体系构想逐渐成形的阶段，建筑师经过反复推敲、甄别各设计要素重要性，对建筑的空间组织、空间形态、技术策略形成雏形，它是建筑创作思维过程的主要阶段。如果说准备阶段是对外部信息进行加载与处理，构思阶段则是在此基础上，对建筑所应解决的问题的一个内省的、全面而综合的回应过程。它包括发现问题和解决问题两个步骤，它们交替、同步进行。

对于发现问题的分类归纳如下：[①]

1）易于确定的问题（Well-Defined Problems），如被给定的空间要求、被限定的尺寸及功能，包括它们之间的相互联系。具体如建筑的布局、结构选定、基本空间关系等。在生态要素方面，包括建筑所处的气候、地理、地貌特征，以及建筑热、光、声等环境因素的特殊性；

2）难以确定的问题（ill-Defined Problems），目标和手段都不清楚的问题。如怎样通过建筑的方式改善建筑与环境的关系，改善建筑与人的关系，以及如何改善建筑等。在这里，把握环境性的制约因素是难点，往往也是寻求突破、形成建筑特点的关键点所在；

---

① 张伶伶，李存东 . 建筑创作思维的过程与表达 . 北京：中国建筑工业出版社，2001．

图 1.21　朗香教堂的设计构思——
"上帝的听觉器官"（来源：谷歌图片）

3）极难的问题（Wicked Problems），如建筑的整体意象、形式问题、风格问题等。由于这些问题涉及人的主观评价性，因此将它列为最不易把控，也最需要通过客观要素来实现可控的设计重点问题。

发现问题的两个层次包括：

1）目标的确立：通过概念性语言文字或构思草图，梳理解决以上问题的思路。例如要功能合理，与周围环境相协调，充分考虑经济性，建筑要表达某种思想、体现某种风格等。同时，生态因素的考虑在这一阶段需要有整体性思考框架，这些目标的提出是发现问题的第一步，对建筑意象的形成有着总体方向上的指引。

2）意象的形成：针对上述目标和方向提出初步构想，即将设计目标"物化"成建筑构想、建筑草图。在这个过程中，建筑内外体系需要同步推进，各种环境生态要素需要建筑设计在各个层面上予以回应，建筑意象建立在对各种制约因素的客观梳理、相互协调并有一定彼此妥协的基础之上。

两种发现问题的途径包括：

1）理性地发现问题：多是在收到较多制约条件下产生的，即大多形成"易于确定的问题"。

2）感性地发现问题：更多地受到建筑师自身的观念、修养、知识结构和思维方式等条件的影响，大多形成"极难的问题"。

解决问题，往往会将再综合形成较完整的建筑意象，如图1.20。

3. 完善阶段

方案构思基本确定后，对其空间、尺度及各种技术问题完善调整，使建筑意象更加具体化，并将这种完善的建筑意象充分"物化"，以多种方式表现出来，成为最终的设计成果。

完善阶段的工作内容是要解决技术问题，包括：整个建筑和局部的具体做法，各部分确切的尺寸关系，结构、构造、材料的选择和连接，各种设备系统的设计、计算和对建筑的影响，以及各个技术工种之间的整体协调，如各种管道、机械的安装与建筑装修之间的结合的系统性问题等。

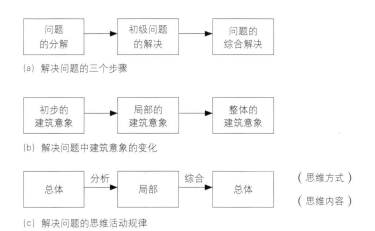

(a) 解决问题的三个步骤

(b) 解决问题中建筑意象的变化

(c) 解决问题的思维活动规律

图1.22　建筑设计中解决问题的过程

北京奥运柔道跆拳道馆金属复合墙面（摄影：张广源）

第二章 建筑复合表皮建构系统策略

图 2.1 北方射击场木质挂板和水泥挂板装饰的主入口（摄影：张广源）

2.1 表皮环境性能优化设计策略

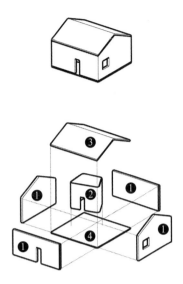

1 建筑外墙面
2 建筑内墙面
3 建筑屋顶
4 建筑楼地板

图 2.2 建筑表皮系统

在建筑设计的全过程对应建筑全寿命周期的策略中，建筑师应当充分考虑建筑的生态环境优化可能性,通过应用适宜技术,降低对自然资源的消耗,减少废弃物的排放和对环境的破坏,同时为使用者营造健康舒适的空间环境,最终实现人与自然的可持续发展目标。无论是建筑设计,还是建筑复合表皮设计的全过程,都需要从环境性能优化、技术合理运用的角度进行全方位思考和系统化构建。

为此提出一种基于环境生态性能优化策略的建筑复合表皮建构理念及设计方法,将环境性能优化作为设计出发点,提出从多种策略集成,融入概念设计、方案设计、扩初设计和施工图设计各环节,以技术和美学双重逻辑对建筑复合表皮环境生态性能和建筑体形空间平面进行优化。

依据在建筑内在功能体系中的作用,建筑的基本构成体系大致可以分为:结构受力系统、空间分割系统、主动式气候调节系统和被动式气候调节系统等。建筑表皮研究的重点在于表皮对建筑被动式气候调节的作用。从部位来分,建筑表皮又分为建筑外墙、建筑内墙、建筑屋顶与建筑楼地板等。按照对自然环境的优化作用,建筑表皮又可分为以热环境优化为主导、以光环境优化为主导、以风环境优化为主导和以声环境优化为主导等。除此之外,表皮在优化建筑内外空间、体现建筑文脉认知上亦有不可小觑的作用。复合表皮体系往往兼有其中多种或以上的环境优化功能。

建筑设计的环境优化策略

建筑设计中应被提倡的绿色建筑是以资源节约和环境友好、以人为本为前提的,能够充分体现建筑与自然、社会环境的和谐统一关系。可持续性的设计价值观念,并不是游离于建筑设计之外的独立体系,更不是以技术和指标来限制建筑创作的唯技术论,而是对既有建筑价值观的一种积极完善和提升。对应建筑设计中最基本的原则——"适用、经济、美观",在可持续性价值观的引导下,"适用"原则可以延伸为"对所在环境及其生态系统的主动适应","经济"原则则是"以尽量少的资源消耗和环境代价满足使用者合理的功能需求","美观"原则亦包括"体现生态价值和可持续性观念的生态美学"。建筑师树立这样的价值观对建筑和环境的生态质量有着根本性的影响,因为相对于工程师改进设备的努力,建筑师在建筑的基本体系和围护结构上的工作效果往往是事半功倍的。

生态建筑设计有两个重要内涵：因地制宜与被动式设计。①
因地制宜的建筑设计需要重视地域气候特征，综合考虑建筑环境
特征的方方面面，其中包括地理环境、气候环境等物理方面，也
包括人文、历史等文化层面的因地制宜，还包括建筑使用需求、
使用方式等特定使用条件等。被动式设计则要求建筑师从建筑策
划、方案设计之初就开始考虑建筑基本系统的环境生态性能，尽
可能通过合理的规划、建筑、景观设计，实现环境优化的目标，
合理的技术应用应该是这一策略的延伸和补充，而非主体。

我国"十五"科技攻关重点项目"生态建筑关键措施研究"
中研究了绿色建筑的十种关键技术，其中超低能耗、自然通风、
天然采光、生态绿化等四项技术策略都属于被动式技术。②可见
以生态环境优化为导向的建筑表皮设计需要充分关注被动式策
略，即利用合理的空间组织和构造措施，在不利用或少利用能源
动力的前提下，实现对建筑热、光、风、声环境的优化。如果说
主动式的"空气调节"（Air-conditioning）是设备师的专业范畴，
那么被动式的"空间调节"（Space-conditioning）则更多的是建
筑师的分内之事。包括的方面有：绿色节能技术、适宜的体形系
数、形体自遮阳、高性能保温隔热围护结构、遮阳表皮、导风表
皮、导光表皮、生态绿化等。

具体来说，减轻建筑环境负荷、协调建筑与环境关系的建
筑设计有五点原则：1）建筑与自然环境共生；2）应用减轻环境
负荷的建筑节能技术；3）保持建筑生涯的可循环再生性；4）创
造健康舒适的建筑室内环境；5）使建筑融入历史与地域的人文
环境中。③

对于建筑师来说，基于环境生态性能优化的理念策略要优
先于绿色技术应用。优化策略的实施是一项系统工程，技术层
面涵盖节地、节能、节水、节材、室内环境、运营六大系统；
时间层面需要贯穿建筑的全生命周期；开发层面需要经历项目
前期、设计、采购、施工、物业管理等流程，需要大量的合作
伙伴参与。④因此，在这项综合而庞大的工程中，首先要明确整
个流程中的环境优化策略。笔者认为，优化策略可分为气候策略、
材料策略、技术策略、能源策略和细部策略。这若干策略会对

---

① 苏志刚. 深圳万科城四期绿色住区的实践与思考. 生态城市与绿色建筑，
2011(02).

② 空间调节——中国普天信息产业上海工业园智能生态科研楼的被动式节能建筑设
计. 生态城市与绿色建筑，2010春季刊.

③ 祁斌. 日本可持续的建筑设计方法与实践. 世界建筑，总104期.

④ 苏志刚. 深圳万科城四期绿色住区的实践与思考. 生态城市与绿色建筑，
2011(02).

图 2.3 基于环境生态性能优化策略的建筑设计原则

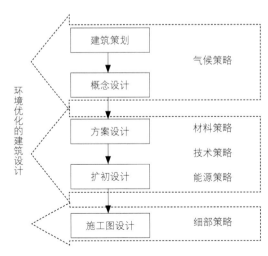

图 2.4 环境优化的建筑设计全过程

建筑策划、概念设计、方案设计、扩初设计和施工图设计产生指导性的作用。

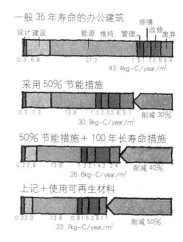

图 2.5　建筑全寿命周期的节能策略（来源：祁斌．日本可持续的建筑设计方法与实践．世界建筑，9902．）

复合表皮设计策略与实例

基于环境生态性能优化策略的建筑复合表皮，不仅需要从建筑形体处理、空间构建、材料表现等空间或物质层面进行设计，还需要在建筑设计全过程中充分考虑其对地域气候、建筑微环境以及使用者的体验认知的作用。与之配合的各类工程专业人员也不仅仅是从技术合理的角度给予技术支持，更是在理念上、策略上、操作方法和运作模式上给建筑师提供更多设计依据、可行性的技术策略，从而共同提升建筑复合表皮的效用及合理性。因地制宜的设计，需要权衡设计与技术的关系。在设计创作中强调被动设计优先、主动技术优化在后的策略时序。

建筑设计中的被动式环境优化表皮设计主要内容包括：

在创作之初，即建筑策划和概念设计的阶段需要在形体布局中合理运用气候策略。根据气候特点，充分了解当地气温、日照、主导风和降水等气候状况，从建筑选址、朝向、整体造型上使建筑具备环境优化的基本要求。在遵循舒适美观原则下，树立高效集约的整合策略，合理确定空间容积，根据当地气候特点优化建筑体形系数，合理控制外墙延展面积。例如在有冬季保温需求的地区尽量减小体形系数，以便降低室内外热交换率。根据各个朝向太阳辐射及盛行风风向，在东西南北各个立面采取不同的开敞度，采取有利于自然通风和自然采光的空间形式和形体组织方式，例如在冬季有东北寒风的地方北立面尽可能封闭，而夏季有盛行南风的地方建筑南立面尽可能开敞，在合理的方位内增大开窗面积，有效利用自然通风采光，由此可以在冬季获得充足的太阳辐射，降低采暖负荷，而在夏季则进行有效自然通风，降低空调负荷。另外，通过控制体形系数也可实现节能，通过建筑形体设计实现自遮阳，通过控制窗墙比实现保温隔热等，都是行之有效的方法。通过计算机模拟辅助设计手段，帮助建筑师完善建筑造型，例如用计算流体动力学（CFD）手段对不同建筑体量的室外风环境进行模拟优化，通过 ECOTECT 软件对冬夏日照角度进行分析等，都能有效控制建筑表皮的日照效能。

方案深入过程和初步设计，是建筑表皮设计的关键阶段。建筑师宜将材料策略、技术策略和能源策略充分融入设计创作中。材料策略的原则包括：选用高性能建筑材料，如通过复合材料或复合构造的方式提高建筑表皮保温隔热性能，减少室内外热交换以降低建筑能耗，就地取材和利用可回收材料以利从源头节能节材等。技术策略的原则包括：了解项目主要面对的环境问题并寻求对应的技术手段，因地制宜选用环境优化效果较好的建筑表皮技术，在技术集成过程中协调绿色技术与方案整体构思、文脉视觉、空间感受之间的关系等。例如合理应用玻璃幕墙，在满足使用要求的前提下减少过多的玻璃幕墙以减少能源的消耗。能源策略的原则包括：优化利用自然环境中的光、热、风等条件，以被动式手段提升建筑物理环境并减少能耗，采用可调节的复合建筑表皮对不同环境条件进行有效控制，条件允许时生产和利用可再生能源如太阳能、风能以维持建筑运转等。

在初步设计阶段，还有一个十分重要的工作内容，就是协调工程概算。合理的设计需要追求合理科学的性价比，各种技术运用及优化都是有投资制约的，在这个阶段，需要从建筑整体环境生态性能优化角度出发，整体协调平衡各策略运用与投资效益，以取得最佳的投资效率。

施工图设计阶段，除落实建筑表皮设计各技术策略完成和效用外，建筑师还需要从细部策略的角度进一步推进建筑表皮的设计，并协同各类工程专业人员的专业配合，共同实现建筑既定的整体环境应对策略。建筑表皮细部策略包括：调整构件尺寸以提高节能效率，设计合理的建筑各系统协调的运转方式，利用计算机模拟、结构模型和足尺模型等辅助设计手段，完善复合表皮的整个设计。

在整个工程设计过程中，复合表皮的设计应从环境问题各要素入手，选择恰当的对应环境气候策略、材料、技术手段和细部方式。在一些运用适当的表皮技术手段，实现建筑整体良好节能效果的案例中，若干表皮设计重点及效果呈现如下表：

环境优化设计要点及实例 表 2.1

主导优化方向	环境策略	材料／技术手段	建筑表皮实例
热环境	保温	降低地形系数	普天信息产业科研楼
	隔热	自保温砌体＋窗墙比控制	深圳万科城四期住宅复合外墙
	隔热综合	呼吸式幕墙	阿倍野 Harukas 大厦复合外墙
	主动隔热	空气幕表皮	北京奥运会射击馆复合外墙
	主动降温	水幕幕墙	中新生态城城市管理服务中心复合外墙
	蓄热	板式储热系统	万宝与马达株式会社总部大楼复合楼面
	隔热／透光	半透明 ETFE 膜屋顶	昆士兰大学全球变化研究所复合屋面
	保温	复合金属墙面系统	北京奥运会柔道跆拳道馆复合外墙
	保温隔热	智能生态型呼吸式遮阳幕墙	北京奥运会射击馆复合外墙
光环境	采光	天窗＋白色光反射结构构件	普天上海科研楼复合屋面
	采光	太阳能反射装置	环境国际公约履约大楼复合屋面
	采光	水平反光板	旧金山公共事业委员会新行政总部复合外墙
	采光	光导管自然光采光系统	北京奥运会柔道跆拳道馆复合屋面
	遮阳采光	"细胞状" U 形玻璃幕墙	上海自然博物馆复合外墙
	遮阳	挑檐＋缓冲空间	株洲规划展览馆复合屋面
	外遮阳	多孔弧形遮阳板	深圳万科总部复合外墙
	遮阳	遮阳彩色绿化系统	像素大厦复合外墙
	中间遮阳	双层皮可调电动遮阳幕墙	苏州工业园区档案管理综合大厦复合外墙
	可调遮阳	双层垂直曲面可动幕墙	昆士兰大学全球变化研究所复合外墙
	可调遮阳	自动变换角度的木质百叶窗	墨尔本政府绿色办公楼 CH2 复合外墙
	遮阳	可控外遮阳表皮	普天上海科研楼复合外墙
	综合	遮阳、通风和防热构造	尼桑先进技术研发中心
	防眩光	百叶状反光板	丰田汽车研发中心复合外墙
	防眩光	反光式顶部采光窗	北京奥运会射击馆复合屋面
风环境	体形优化	折线形小进深平面	深圳万科总部
	空间优化	不同立面处理＋边庭灰空间	香港理工大学专上学院红磡湾校区复合外墙
	热压通风	太阳能烟囱＋中庭	温哥华范杜森植物园游客中心复合屋面
	热压通风	排风烟囱＋玻璃幕墙＋边庭	青岛天人集团办公楼复合表皮
	风压通风	可调节式百叶窗＋翼墙	邱德拔医院复合外墙
	通风构造	自然通风器	中国第一商城复合外墙
	通风构造	自然通风器	山东交通学院图书馆复合外墙
	通风构造	内墙通风口	普天信息科研楼复合内墙
	通风构造	内墙百叶抠	上海张江集电港办公中心复合内墙
	换气	废气管道	墨尔本政府绿色办公楼 CH2 复合外墙
	自然渗透	呼吸绿化内表皮	北京奥运会射击馆复合内墙
声环境	隔声	玻璃纤维填充＋弹性构造	上海张江集电港办公中心复合内墙
	隔声	预制清水混凝土外挂板	北京奥运会射击馆复合外墙
	隔声防噪	综合隔声金属屋面	北京奥运会射击馆复合屋面
	吸声	穿孔铝合金吸声雨棚	北京奥运会射击馆／飞碟靶场复合屋面
	声音反射	斗型反射声罩	中国北方国际射击场复合内墙
	综合	噪声隔绝体系＋复合吸声墙体	北京奥运会射击馆复合内墙
视觉文脉	仿生拟态	兰花造型＋绿化屋顶	温哥华范杜森植物园游客中心复合表皮
	仿生拟态	紫荆花造型＋铝板／玻璃外幕墙	徐州音乐厅复合外墙
	动态形象	"萤火虫" 立面	旧金山公共事业委员会新行政总部复合外墙
	隐喻象征	竖向遮阳百叶	北京奥运会射击馆复合外墙
	文脉肌理	穿孔金属外挂板	徐州美术馆复合外墙
	色彩意象	马赛克内墙面	徐州美术馆复合内墙

案例剖析

案例一：北京奥运会射击馆

北京奥运会射击馆是 2008 年奥运会最先启动的四个主要新建场馆之一，也是最先开工、最早竣工的新建场馆。清华大学建筑设计研究院在有承担过悉尼奥运会、巴塞罗那奥运会射击馆设计及国际知名设计公司参加的国际公开建筑设计招标中脱颖而出，中标并承担整个项目的设计工作。建筑设计的重点放在了关乎建筑功能及使用便捷性和经济性的层面上，运用了一些成熟、可靠、适宜的生态建筑技术，将有限的建设资金用在实现建筑主要功能的基本环节，通过运用恰当的建筑构造、细部做法及相应的工艺和材料，提高建筑的整体使用品质及节能效果。北京奥运会射击馆对表皮进行了一些针对性的设计尝试，并针对射击馆特定的使用要求，提出适宜的建筑空间及建筑表皮策略，运用了一些具有针对性的特殊内外表皮做法，实现了特定的使用功能需求。规划设计将射击比赛的基本要求、运动特征、场地特征融入建筑中，北京奥运确定的"绿色、科技、人文"的理念精神在设计中转化为形成每一个设计策略时的思考方法，或成为一种价值观，渗透到建筑设计的构思以及技术细节中。建筑体现出与自然对话、回归自然、回归人性的性格，将阳光、绿树、山、风等自然元素引入建筑，营造出空间舒适、生态宜人、清新健康的室内外环境。

图 2.6 射击馆东侧鸟瞰图
（摄影：张广源）

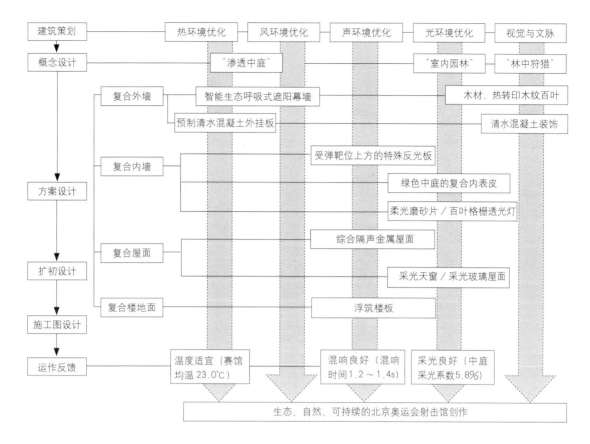

图 2.7 北京奥运会射击馆的环境优化创作全过程

图 2.8 北京奥运会射击馆的表皮策略要点图示

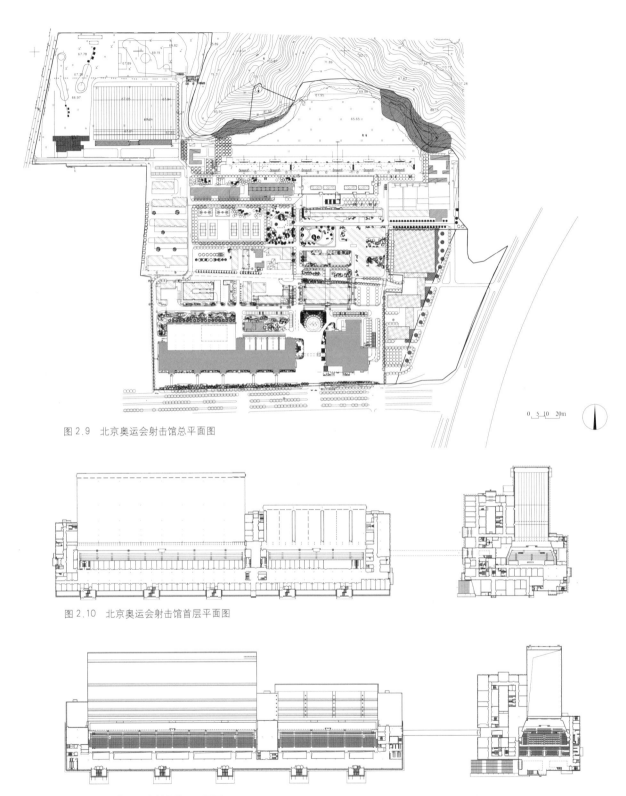

图 2.9　北京奥运会射击馆总平面图

图 2.10　北京奥运会射击馆首层平面图

图 2.11　北京奥运会射击馆二层平面图

图 2.12　北京奥运会射击馆生态呼吸式幕墙外观（摄影：张广源）

案例二：北京奥运会柔道跆拳道馆

　　清华大学建筑设计研究院通过方案设计招标取得了北京奥运会柔道跆拳道馆的设计权。该项目位于北京科技大学校园内，设计及配合施工历时三年，于2007年11月竣工验收。设计的首要原则是符合学校的使用需求，功能的组成、空间的设置、赛后空间功能的转换及技术策略的选择都以此为原点。该馆的建筑设计运用成熟、可靠、易行的生态建筑技术，如光导管自然光采光系统、太阳能热水系统、复合金属墙面系统等，在较低的建筑造价控制下，最大限度地创造合理、人性、舒适的比赛、观赛条件，充分体现了奥运精神和校园体育建筑的特色。建筑设计以"立足学校长远功能的使用，满足奥运比赛的要求"为设计理念，强调建筑设计首先应符合学校的使用功能和空间设置，以及赛后空间功能的便利转换等要求，同时按照奥运大纲通过空间的合理布局满足奥运会的要求。设计强调场所精神，运用洗练的建筑语汇营造既彰显柔道、跆拳道运动精神又符合北京科技大学校园氛围的体育建筑的空间。

图2.13 北京奥运会跆拳道馆立面实景（摄影：张广源）

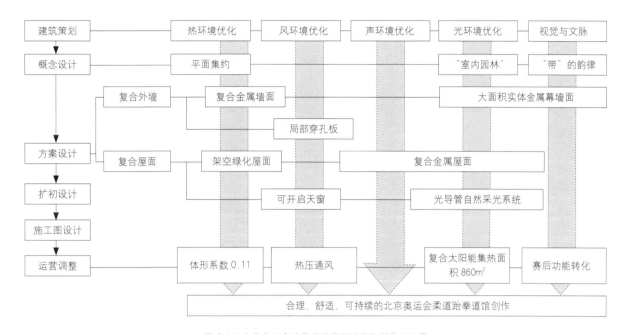

图 2.14 北京奥运会跆拳道馆的环境优化创作全过程

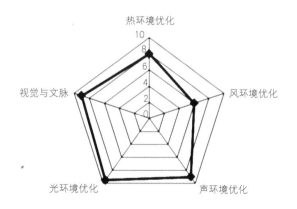

图 2.15 北京奥运会跆拳道馆表皮策略要点图示

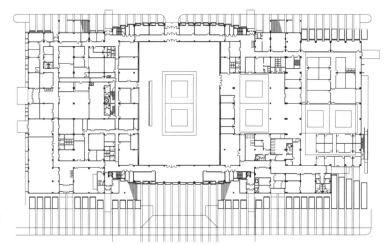

图 2.16 北京奥运会跆拳道馆首层平面图

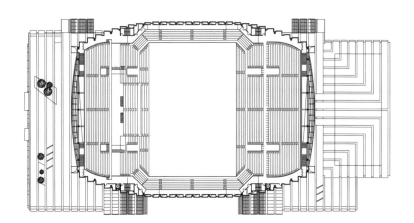

图 2.17 北京奥运会跆拳道馆观众层
平面图

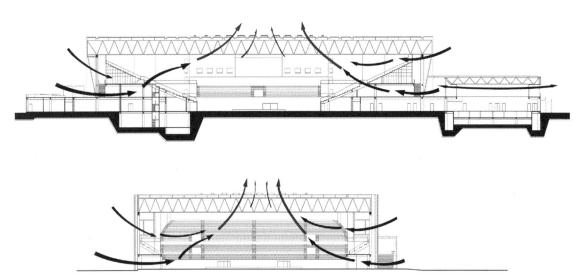

图 2.18 北京奥运会跆拳道馆通风示意剖面图

图2.19 北京奥运会跆拳道馆立面实景（摄影：张广源）

图2.20 北京奥运会跆拳道馆室内实景（摄影：张广源）

案例三：徐州美术馆

徐州美术馆是一个位于城市环境资源优越地段的公共文化建筑，建筑设计从普通市民的参与性角度出发，在城市历史、人文、环境脉络中梳理出让普通公众能够领悟感触的线索，在充分展现公共建筑的"公共性"中，延续地域人文精髓，融文化建筑于市民生活之中。

建筑在观山景、湖景效果最佳的二层位置设计了一个开放的公共活动平台，也是一个公共艺术平台，普通市民不经过美术馆内部，便可通过室外通道直接到达这个平台。在三、四层展厅的外层，建筑设计了一种复合表皮空间，它是一个环形展廊，与开放的二层公共平台相连，成为一处供普通市民展示作品的半开放艺术长廊。外层采用穿孔金属板，与外部空间相通，展廊不用空调，不用人工照明，完全在自然环境条件下营造出开放的艺术展览空间。观者一边观赏艺术作品，一边还可透过穿孔的表皮，观赏优美的城市景观，美丽的自然环境将艺术与生活、城市与市民紧密结合起来，使美术馆回归到城市生活中。

环境应答式设计策略被越来越广泛地运用于建筑创作中。如武汉光谷生态艺术展示中心的设计过程：首先是建立与环境对应

图 2.21　徐州美术馆建筑主入口局部（摄影：张广源）

图 2.22 徐州美术馆下沉庭院 (摄影：张广源)

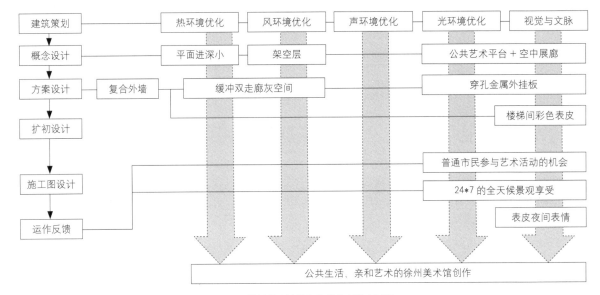

图 2.23　徐州美术馆的环境优化创作全过程

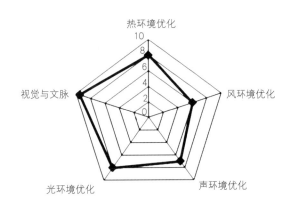

图 2.24　徐州美术馆表皮策略要点图示

的体量构成，用悬挑架空的方式减少对生态水土的影响；而后选用适宜的绿色建筑技术集成系统，以及与之协调的建筑结构体系；在表皮设计中亦遵循绿色建筑表皮系统的设计原则。

　　在剖面设计中集成各种环境优化手段也是一种常见的设计研究方法，直观明了，易于发现竖向空间的设计要点。例如尼桑先进技术研发中心在剖面设计中，利用多种复合表皮进行环境优

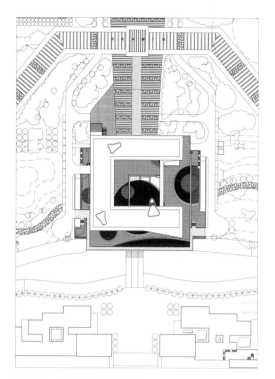

图 2.25 徐州美术馆总平面图

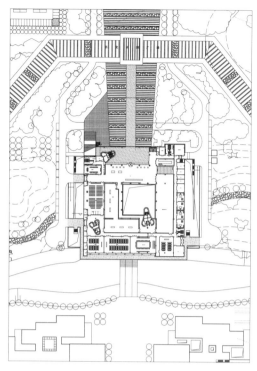

图 2.26 徐州美术馆首层平面图

图 2.27 徐州美术馆二层平面图

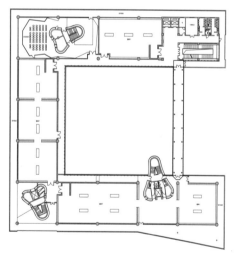

图 2.28 徐州美术馆三层平面图

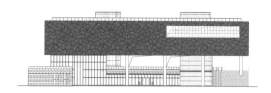

图 2.29 徐州美术馆南立面图

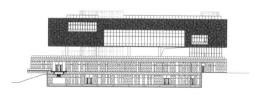

图 2.30 徐州美术馆东立面图

图 2.31 徐州美术馆从二层平台看建筑转角（摄影：张广源）

图 2.32 徐州美术馆入口实景（摄影：张广源）

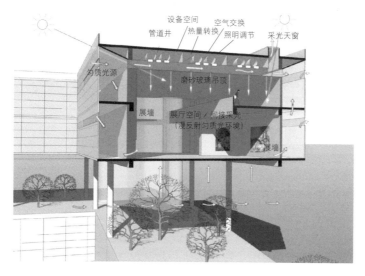

图 2.33 徐州美术馆展厅内外开放空间示意图

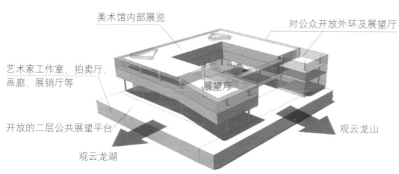

图 2.34 徐州美术馆空间构成示意图

图 2.35 徐州美术馆表皮空间内部（摄影：祁斌）

图 2.36　丰田汽车（中国）研发中心外观（来源：《生态城市与绿色建筑》，2014 春季刊.）

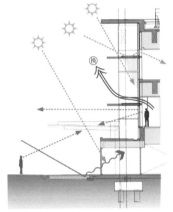

图 2.37　丰田汽车（中国）研发中心遮阳和自然采光分析（来源：《生态城市与绿色建筑》，2014 春季刊.）

化，如通过可旋转幕席增加遮阳效率，利用太阳能烟囱和生态空隙进行自然排气，利用外遮阳百叶以防中庭过热等。这些优化措施为使用者提供了良好的工作环境，在这里能够感受外部自然和天气的变化以及控制得当的自然光和热环境。①

通过重点局部的剖面分析，还能够更好地推敲表皮造型及其环境优化性能。如在丰田汽车（中国）研发中心的剖面分析中，遮阳、自然采光和自然通风成为复合表皮设计的主要因素，进而设置太阳能光伏发电雨篷、反光遮阳板，以改善室内光环境，还利用剖面推敲首层房间如何利用室外水池的反射改善室内深处采光条件。②

建筑模型经常被用来推敲建筑表皮与环境的关系。在精细化设计、施工图设计阶段，实体的建筑表皮模型常也被运用于更精准地把握表皮特性。例如：在北京奥运会射击馆建筑设计中，幕墙剖面模型被用于研究呼吸式幕墙工作原理及遮阳板尺度大小；在北京奥运跆拳道馆中，模型反映了表皮尺寸与场地模数的契合关系；在徐州音乐厅项目中，甚至在场地上搭建了 1∶1 的足尺模型以推敲建筑体量与湖景的关系，而建筑缩尺模型则更加直观地反映空间的尺度关系与材质效果。

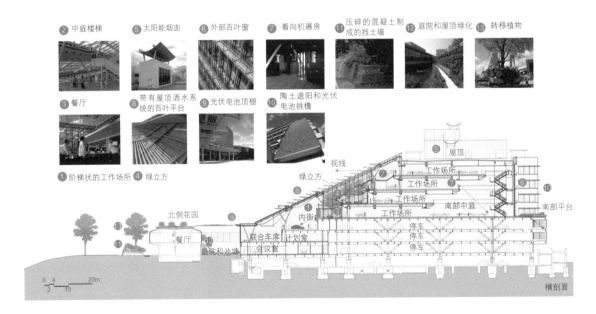

图 2.38　尼桑先进技术研发中心剖面设计（来源：《生态城市与绿色建筑》，2011 夏季刊.）

① 创新工场——尼桑先进技术研发中心.生态城市与绿色建筑，2011 夏季刊.
② 丰田汽车（中国）研发中心事物栋的绿色实践.生态城市与绿色建筑，2014 春季刊.

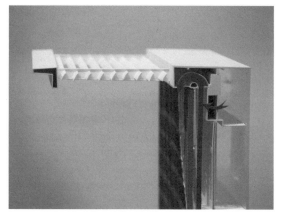

图 2.39 北京奥运会射击馆生态呼吸幕墙细部模型
（摄影：祁斌）

图 2.40 徐州音乐厅表皮形态设计模型（摄影：祁斌）

图 2.41 北京奥运会射击馆生态呼吸幕墙细部模型
（摄影：祁斌）

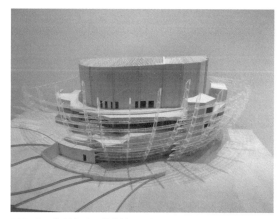

图 2.42 徐州音乐厅结构模型（摄影：祁斌）

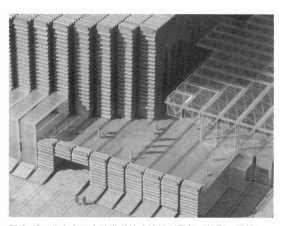

图 2.43 北京奥运会跆拳道馆建筑模型局部（摄影：栗铁）

图 2.44 徐州音乐厅设计模型局部（摄影：祁斌）

图 2-46　在湖的现场搭建的徐州音乐厅 1：1 足尺模型（摄影：祁斌）

2.2 热环境优化

综述

　　人对于外界温度适应的宽容度非常有限，而我们生活环境的温度变化幅度远大于人类的适宜生存温度。优化自然环境条件，营造适宜的人工微环境，或许就是建筑产生的最原本意义，也是建筑表皮的最基本功能。使人体产生舒适感的空气温度为 18 ~ 25℃，当然它与空气相对湿度也有一定关系。相对而言，我国各地气候的差异非常大，例如严寒地区最冷月平均温度不超过 −10℃，而夏热冬冷地区的最热月 14 时平均气温在 32℃ 以上则很常见。在这种自然条件下的热环境中生存，人们不能不依靠建筑围护结构进行温湿度的优化和调节。而且悬殊的气候差异要求不同热环境条件下的建筑设计采取不同的气候适应策略。对不同热环境条件下的优化策略和典型复合表皮的运用归纳建议详如下表。

不同热环境条件下的优化策略　　　　　表 2.2

我国气候区	热环境特点	优化策略
严寒地区	最冷月平均温度 ≤ −10℃	充分满足冬季保温
寒冷地区	最冷月平均温度 −10 ~ 0℃	冬季保温，兼顾夏季防热
夏热冬冷地区	最冷月平均温度 0 ~ 10℃，最热月平均温度 25 ~ 30℃	夏季防热，兼顾冬季保温
夏热冬暖地区	最冷月平均温度 > 10℃，最热月平均温度 25 ~ 29℃	充分满足夏季防热
温和地区	最冷月平均温度 0 ~ 13℃	兼顾夏季防热和冬季保温

　　从建筑设计全过程来讲，在建筑策划时考虑自然环境的热条件对建筑功能、使用方式的影响程度和影响方式，依据其影响决策热环境优化策略的权重和目标重点。在方案设计的阶段，使方位规划更为合理，同时朝向与体形尽量满足保温、防热的要求，在深化的过程中进一步考虑外围护结构的隔热、保温和气密性设计，综合运用建筑构造、设备系统等手段优化建筑热环境。

　　在体形处理时，宜以气候策略为指导，优化体形系数来达到保温隔热的作用。比如，普天信息产业上海工业园智能生态科研楼为降低体形系数，采取了覆土的方式减少建筑体量，并以 400mm 厚的植草层和 50mm 厚的聚苯乙烯挤塑板（XPS）保温层作为复合材料来搭建建筑表皮，为下部建筑体量提供优越的热绝缘性能。半地下的室内热工环境大致等同于地下空间，因此建筑外表面面积只有下体形集约的上部体量以及下部未被草坡覆盖的

图 2.46　普天科研楼的建筑体量处理
（来源：《生态城市与绿色建筑》，
2010 春季刊）

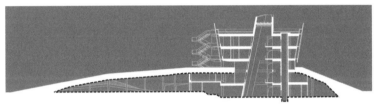

图 2.47　普天科研楼剖面（来源：《生态城市与绿色建筑》，2010 春季刊）

局部外墙，体形系数仅为 0.298，远低于规范所要求的 0.40。[①]

　　在材料策略上，常见的保温隔热手段是采用保温性能较好的复合材料，合理设计窗墙比。例如深圳万科城四期住宅复合外墙，即采用了自保温砌体作为墙面材料。该小区是华南地区最早尝试规模做节能 60% 的小区。节能模拟计算帮助建筑师得到如下结论：1）影响南方住宅节能的主要部件是墙体、外窗；2）低层住宅的自保温砌体占外墙的比例远高于高层住宅：作为自保温砌体的加气混凝土砌块占外墙比例，高层住宅不到 1/4，而低层住宅能达到 1/2 以上；3）低层住宅的窗墙面积比小于高层住宅：高层住宅平均窗墙面积比为 0.24，4 个户型的低层住宅平均窗墙面积比 0.20 ~ 0.23。综上，低层住宅的节能 60% 策略为采用自保温砌体，并结合较低遮阳系数（采用可调百叶外遮阳及 Low-E 玻璃）；高层住宅则主要通过无机保温砂浆内保温隔热及 Low-E 玻璃实现节能 60%，建筑设计以此策略为基础，实现了较好的整体节能效果。[②]

　　在技术策略上，为达到以隔热为主的综合热环境优化效果，呼吸式玻璃幕墙不失为一种高性能的复合表皮选择。例如，日本阿倍野 Harukas 大厦因为建筑外部较为严酷的风压条件以及超高

---

① 空间调节——中国普天信息产业上海工业园智能生态科研楼的被动式节能建筑设计．生态城市与绿色建筑，2010 春季刊．
② 深圳万科四期绿色住区的实践与思考，生态城市与绿色建筑，2011 夏季刊．

建筑类型	高层住宅		低层住宅	
部位	构造	所占比例	构造	所占比例
屋顶	40mm 细石混凝土 +30mm 挤塑聚苯板 +150mm 钢筋混凝土	100%	40mm 细石混凝土 +30mm 挤塑聚苯板 +120mm 钢筋混凝土	100%
非承重内墙	200mm 加气混凝土砌块 +20mm 无机保温砂浆内隔热	23.23%	200mm 加气混凝土砌块	57.67%
外墙	200mm 钢筋混凝土 +20mm 无机保温砂浆内隔热	76.77%	200mm 钢筋混凝土	42.33%
外窗	6+6A+6Low-E 中空玻璃窗（综合遮阳系数 0.5）	100%	6+6A+6Low-E 中空玻璃窗（综合遮阳系数 0.4）	100%
	平均窗墙面积比 0.24		平均窗墙面积比 0.20～0.23	
	节能率 63.46%		节能率 62.07%～63.24%	

万科城四期住宅技能模拟分析 表 2.3

（来源：《生态城市与绿色建筑》，2011 夏季刊）

层建筑安全考虑，选用了呼吸式玻璃幕墙进行隔热。呼吸式幕墙由内外双层再生玻璃和 Low-E 玻璃构成，窗户在通风的时候可以有效组织室外热量进入。双层玻璃的高效隔热层大大降低了空调能耗荷载。通过热工模拟对比，这种复合表皮比单层幕墙空调荷载降低 23%。同时综合利用高度差设置绿色中庭进行自然通风和换热。[①]

值得一提的是，为了降低空调负荷，有时候设计中也可采用相对耗能较少的主动隔热手段。例如在北京奥运会射击馆中，面对一处非常特殊的使用条件——一方面要保证该项目在室内的

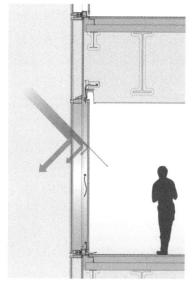

图 2.48 阿倍野 Harukas 大厦双层呼吸式幕墙系统（来源：《生态城市与绿色建筑》，2014 春季刊）

---

① 原田哲夫等．阿倍野 Harukas 大厦——迈向可持续的摩天城市时代．生态城市与绿色建筑，2014 春季刊．

图 2.49 中新生态城城市管理服务中心的水幕幕墙（来源：《生态城市与绿色建筑》，2010 秋季刊）

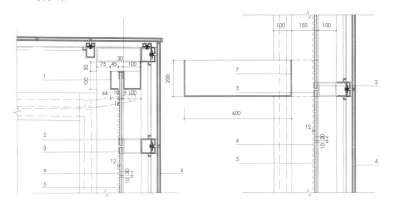

1. 5厚不锈钢水槽
2. 幕墙水平次龙骨
3. 白色玻璃夹片
4. 底边为20的等腰梯形玻璃粘条，长度同水幕玻璃
5. 钢化玻璃
6. Low—E中空玻璃幕墙
7. 8厚钢板焊接成花槽，外包铝板（白色）

图 2.50 中新生态城城市管理服务中心的幕墙构造大样（来源：《生态城市与绿色建筑》，2010 秋季刊）

空调环境下观赛；另一方面，射击子弹飞行及靶位要在室外环境里——特别设计了空气幕表皮进行主动隔热，在射击馆资格赛馆25m、50m 比赛厅的室内外设计靶位分隔处，设计了开放空间室内空调系统，通过设置局域循环形成的小环境空气幕，为局域空气幕采用独立的送风、除湿及循环系统，成功地在建筑开口部形成空气幕表皮。

复合建筑表皮的热环境优化作用还可以是降温。例如，中新生态城城市管理服务中心改造项目采用了表皮降温的措施。在玻璃幕墙内设置水幕，水从顶部水槽一出来，通过白色玻璃夹片缓缓流下，与空气充分接触。通过蒸发吸热的方式，水幕在夏季可降低建筑表皮围护结构的内表面温度，从而减缓室内温度的上升。另外结合构架设置了花槽，室内的垂直绿化也有一定遮阳和改善室内空气质量的作用。[1]

蓄热是另外一种热环境优化功能。例如在万宝至马达株式会社总部大楼中体现为板式储热系统。在这一系统中，作为建筑构件的空心板被用作空调送风管道。夜间，空心板被空气处理单

图 2.51 中新生态城城市管理服务中心立面外观（来源：《生态城市与绿色建筑》，2010 秋季刊）

图 2.52 万宝至马达株式会社总部大楼外观（来源：《生态城市与绿色建筑》，2011 夏季刊）

---

① 王哲，王伯荣．中新生态城城市管理服务中心改造．生态城市与绿色建筑，2010 秋季刊．

图 2.53　万宝至马达株式会社总部大楼中庭（来源：《生态城市与绿色建筑》，2011 夏季刊）

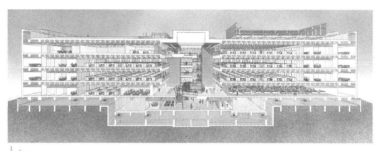

图 2.54　万宝至马达株式会社总部大楼剖面透视（来源：《生态城市与绿色建筑》，2011 夏季刊）

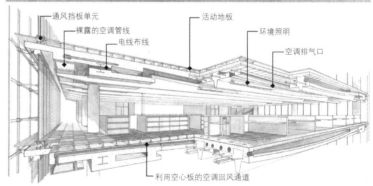

通风挡板单元　　活动地板
裸露的空调管线　　环境照明
电线布线　　空调排气口

利用空心板的空调回风通道

图 2.55　万宝至马达株式会社总部大楼的板式储热系统细部（来源：《生态城市与绿色建筑》，2011 夏季刊）

图 2.56　昆士兰大学全球变化研究所的一层展览空间（来源：《生态城市与绿色建筑》，2013 秋 & 冬季刊）

元送出的风冷却，而在白天这一蓄热体又被温暖的回风重新加热。在夏天使用这一蓄热装置和作为热源安装在楼内的冰蓄冷系统可改变用电高峰期的情况，而在过渡季利用它可以用夜间的室外冷空气取代热源冷却水来降低空调负荷。[①]

在实际项目中，复合表皮的功效往往不止一种，经常热环境的优化功能还会与光环境、声环境等优化功能相结合。例如昆士兰大学全球变化研究所半透明 ETFE 膜屋顶就能达到隔热与透光的综合作用。在多嵌板钢结构穹顶空间的中庭庭院设计中，运用了半透明三层结构的 ETFE 膜屋顶，具有很好的透光和保温隔热的特性。在需要自然采光的中庭中，主要通过控制透光率来控制太阳照射的热负荷，从而达到隔热的效果。复合屋面的具体措施是：1) ETFE 膜气枕的气压和形状随外部荷载改变而改变，作为一种自适应结构能够在过度炎热的情况下降低透光率和太阳负荷；2) 膜面印刷可以反射过量的光线；3) 多层膜组成的气枕上的反对称图案能够达到控制透光率的目的。[②]

热环境优化并不是经常通过单一个散热手段来实现的。为达到理想目的有时还需要综合运用其他手段，如遮阳或通风。使用大面积玻璃幕墙的公共建筑往往很难达到较好的节能要求。为了弥补使用玻璃幕墙后带来的热工问题，可以考虑采用外遮阳来

① 万宝至马达株式会社总部大楼．生态城市与绿色建筑，2011 夏季刊．
② 澳大利亚 HASSEL 设计集团．昆士兰大学全球变化研究所．生态城市与绿色建筑，2013 秋 & 冬季刊（No.14）：65—74．

减少太阳辐射以达到隔热的目的，同时结合热、光、风环境方面的综合设计策略可以相互优化。关于遮阳策略可参考第 2.3 节，关于通风策略可参考 2.4 节。

图 2.57　昆士兰大学全球变化研究所的中庭 ETFE 屋顶（来源：《生态城市与绿色建筑》，2013 秋 & 冬季刊）

保温：复合金属墙面系统

北京奥运会柔道跆拳道馆在北京市现行《公共建筑节能设计标准》要求节能 50% 的基础上，进一步降低外围护结构的能耗。通过简洁集约的整体造型，降低体形系数，设计体形系数达到 0.11，全面提升外围护结构的保温性能。为减弱太阳东西晒对体育馆的影响，在立面设计时采用了相对封闭的设计手法，只设置了少量的外窗，大部分采用复合金属幕墙，使夏季整个体育馆的能耗大幅降低。在体育馆的外形上，使用了柔道、跆拳道运动中"带"的概念，3m 宽、间距 0.75m 的锈红色金属板均匀地布置在整个立面，使整个建筑浑然一体。不管是北京科技大学体育馆前的奥运会徽广场，还是体育馆的外墙立面，甚至是体育馆内部，一排排整齐的线条都在向人们传递着关于"带"的信息。具体来说，建筑外墙为框架结构内填 200mm 厚陶粒轻质混凝土空心砌块（导热系数 ≤ 0.22W/m²·K），外设 30mm 厚挤塑板（导热系数 ≤ 0.03W/m²·K）保温层，主体部分外敷 50mm 厚保温棉复合砖红色铝单板板外墙系统，双重保温，裙房部分外敷预制水泥板。玻璃采用 6+12+6 Low-E 钢化中空玻璃。

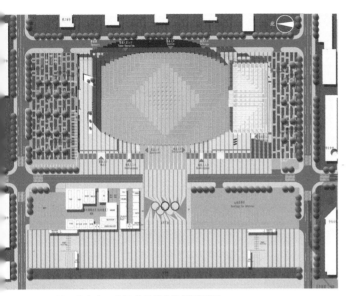

图 2.58 北京奥运会柔道跆拳道馆总平面图

图 2.59 北京奥运会柔道跆拳道馆实景鸟瞰（摄影：张广源）

图 2.60 北京奥运会柔道跆拳道馆"带"状立面外观（摄影：张广源）

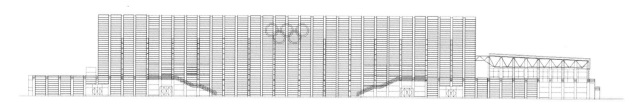

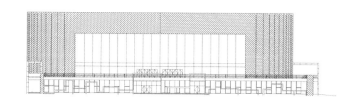

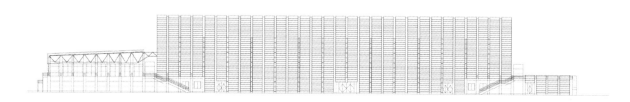

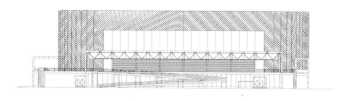

图 2.61 北京奥运会柔道跆拳道馆立面图

图 2.62 北京奥运会柔道跆拳道馆复合金属墙面（摄影：张广源）

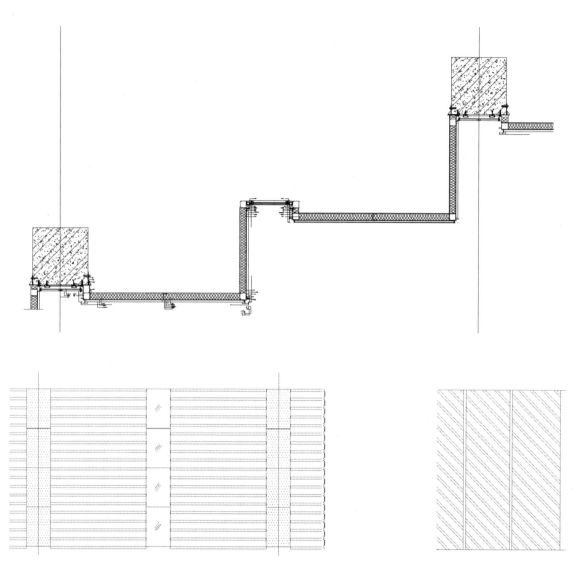

图 2.63　北京奥运会柔道跆拳道馆墙身大样

图 2.64　北京奥运会柔道跆拳道馆复
合金属墙面局部（摄影：张广源）

对应热环境优化的综合解决策略：智能生态型呼吸式遮阳幕墙

　　双层皮幕墙又称呼吸式幕墙，在保持了建筑平整通透外观的同时大大提高遮阳效果和隔热性能。它有如下重要特征：两层玻璃幕墙之间为一条通道，其宽度依幕墙类型从0.2m到1.5m不等；通常，两层幕墙当中主要的一层采用隔热玻璃，而另外一层采用单层玻璃，位于主要幕墙的外侧或内侧；通道内设置可调节的遮阳和导光构件；通道在供暖季节保持封闭，可提高幕墙的保温效果，在供冷季节以自然或机械通风的方式带走其中的热量。[1]双层皮幕墙分为外循环式和内循环式，前者还包括外挂式、走廊式、箱式、井式、百叶窗式等。

　　北京奥运会射击馆采用的"智能生态型呼吸式遮阳幕墙"是该项目针对隔热、保温、遮阳、降噪等特殊要求而设计的智能幕墙系统，该表皮的特点是可以实现对建筑通风换气的全智能主动控制，实现全方位调控室内外热、光、声等的交流，营造舒适健康的室内环境。

　　该幕墙系统为外循环式双层幕墙，幕墙基本构造为双层皮幕墙形成的空腔换气层以及外部遮阳百叶层。百叶的做法传达了射击馆"林中狩猎"的设计理念，寓意森林意向的木纹格栅在建筑内部形成斑驳的光影变化，仿佛来自丛林的呼唤。百叶正面比较窄，使人的正面观景视线不受影响，侧向深度保证了足够的遮阳效果。

　　外幕墙采用无框幕墙构造做法，简洁清爽而不喧闹。内层幕墙采用中空隔热铝合金幕墙。在双层换气幕墙的上下两端，设

图2.66　北京奥运会射击馆表皮局部实景（摄影：张广源）

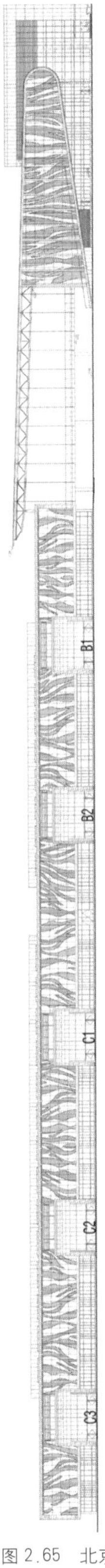

图2.65　北京奥运会射击馆立面

① 刘晶晶，双层玻璃幕墙的节能设计研究，清华大学硕士论文，2006.

置电动机械进风和排风装置。从下部进风口进入双层换气内部的新风，借助双层幕墙内部10m的上行高度产生的压差，形成内部自然通风。该系统还在双层幕墙中间设置了七组温度、风速自动感应装置，感应装置将采集的幕墙内部温度数据传递到中控电脑，电脑程序可以根据双层换气幕墙不同的内外环境温度状态控制上下通风口及内部同风窗的开启、闭合状态，合理组织内部气流，实现外循环呼吸与内部的通风换气。

冬天，关闭上下进气和排气口时，由于阳光的照射，双层幕墙中间的温度升高，产生温室效应，提高内侧幕墙的表面温度，减少建筑物由于外墙表面传热和对内冷辐射带来的耗能，节约采暖运行费用。

图 2.67 北京奥运会射击馆生态幕墙立面局部（摄影：祁斌）

夏天，打开双层幕墙上下两端的排气、进气装置，在双层幕墙内由于热烟囱效应产生内部自然对流气流。从下进气口进入的空气，在双层幕墙内通过热量交换后从上出气口排出，在自下而上的气流运动中，带走通道内的热量，降低内侧幕墙的外表面温度，减少由于热传导而进入室内的热量，降低空调制冷的负荷。

在春秋两季，通过对双层幕墙上下端排气、进气装置开启量的调控，在通道内形成负压，打开内侧的通风窗，利用内侧幕墙内外两侧的空气压差可以在通道内形成对流，进行自然通风，并可以向室内补充新鲜空气。进风口设有防虫网和可拆的过滤装置，能防止昆虫进入，并降低进入室内空气的灰尘量，使进入室内的空气洁净清新。

图 2.68 北京奥运会射击馆生态幕墙模型（摄影：祁斌）

图 2.69 北京奥运会射击馆立面实景局部（摄影：张广源）

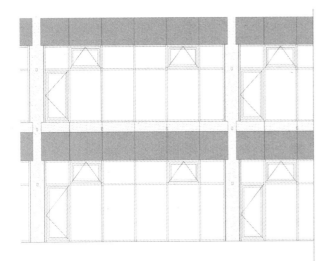

(a) 内层幕墙立面

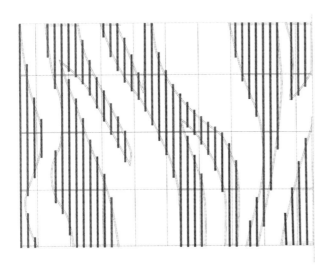

(b) 外层幕墙立面

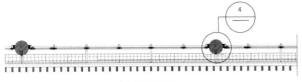

(c) 幕墙平面

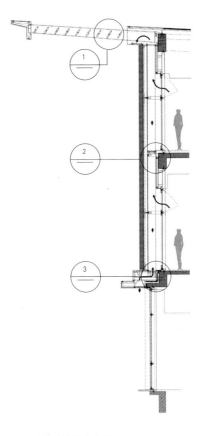

(d) 幕墙墙身大样

图 2.70　北京奥运会射击馆生态呼吸幕墙做法大样

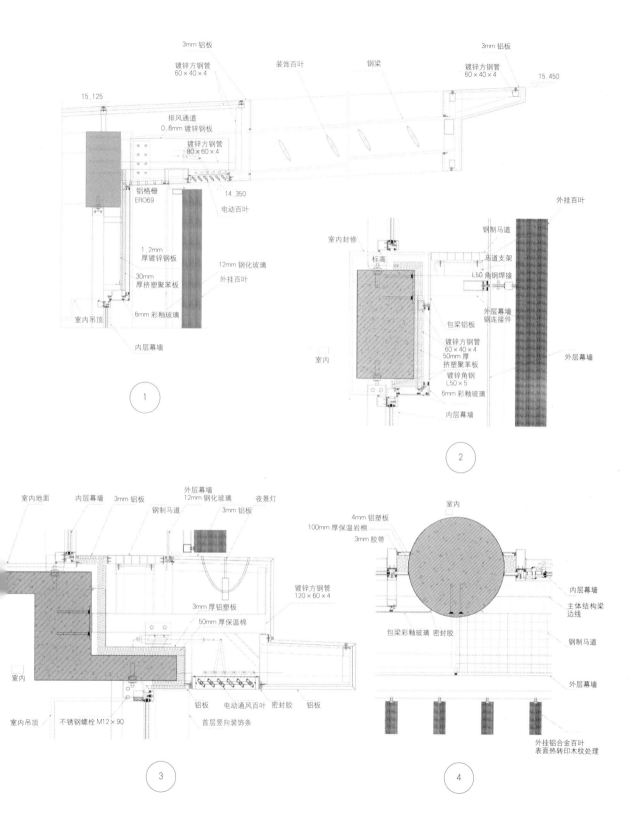

图 2.71　北京奥运会射击馆生态呼吸幕墙做法局部大样

图 2.72　生态呼吸幕墙施工及建成效果

经建成后实测传热数据计算，北京奥运会射击馆"生态呼吸式幕墙"夏季传热系数 K 值约为 1.12 W/(m²·K)，冬季约为 0.86 W/(m²·K)，远远优于公共建筑节能标准，大幅度降低建筑的能源消耗。外表结合"林中狩猎"的建筑设计主题，采用象征森林意向的外部装饰百叶，百叶由热转印木纹铝合金型材制作，既起到建筑装饰作用，又能够在玻璃幕墙外部形成有效的外部遮阳，遮阳比例达到约 23%，能够有效遮挡来自东、南、西向的强烈日照进入室内，降低室内能源消耗。该技术获得"奥运工程环境保护技术进步奖"，具有创新示范意义。

(a) 冬季有太阳能热传递方向示意图

(b) 冬季无太阳能热传递方向示意图

(c) 入夏季热传递方向示意图

(d) 夏季热传递方向示意图

(e) 过渡季自然通风示意图

图 2.73 北京奥运会射击馆生态呼吸幕墙工作原理示意

图 2.74 徐州美术馆长廊内部（摄影：张广源）

2.3 光环境优化

综述

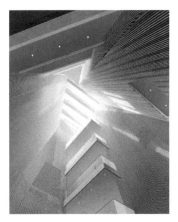

图 2.75 普天科研楼的中庭仰视效果图（来源：《生态城市与绿色建筑》，2010 春季刊）

针对建筑对应光环境的环境优化策略，常见的建筑表皮设计要点为采光、遮阳、防眩光、导光、照明。建筑内外空间形态表达与光的作用密不可分，光也是建筑物理材料之外的又一重要的造型要素，甚至能够表达物理空间所不能及的空间效果。因此光在建筑中的作用早已超过简单的实用意义，经常被建筑师出神入化地运用以营造特殊的空间意境。光在建筑生态性能优化方面的作用同样应予重视。

在采光策略上，可以利用光线在不同时段的不同角度，设置表皮开口，有选择性地将所需的太阳辐射引入室内，并防止过量射入。例如普天信息产业上海工业园智能生态科研楼的中庭天窗顶部设有白色结构构件，截面为 S 状，能使太阳光经过两次反射柔和地进入室内，避免眩光。光线柔和地洒向中庭，营造宛如自然光的照明效果。而位于建筑底层的展厅天窗设计也结合了建筑的结构构件，截面呈 U 形，向东开启，与水平方向形成 10.5°的夹角。除了在清晨高度角较低的阳光能透过斜向构件直射进入室内之外，白天阳光进入室内都需要经过构件的反射，变得柔和均匀，在展厅形成较好光环境。[1]

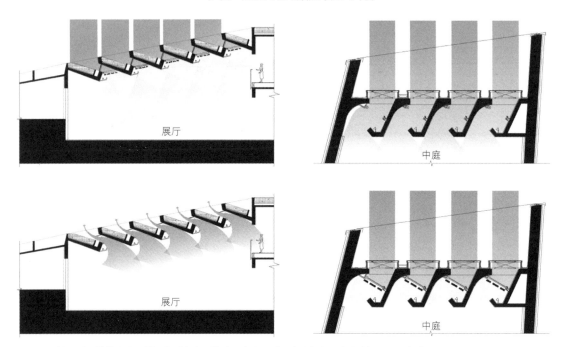

图 2.76 普天科研楼的中庭及展厅的采光遮阳策略（来源：《生态城市与绿色建筑》，2010 春季刊）

① 空间调节——中国普天信息产业上海工业园智能生态科研楼的被动式节能建筑设计．生态城市与绿色建筑，2010 春季刊．

对于难以获得太阳辐射的建筑室内，常见的采光策略是将太阳光反射到需要自然照明的部位，如环境国际公约履约大楼中庭屋顶的太阳能反射装置。当中庭高宽比过大时，其自然采光性能会大打折扣。因此，该建筑在中庭屋顶安装太阳能反光装置，能够有效地将光线反射到中庭底部，增加底部采光。同时，在中厅内部设置枝状吊装反射挂件，将阳光反射到各个方向，增加室内自然采光均匀度。反射装置使中庭周边走廊的自然采光系数明显增加，降低人工照明能耗，改善采光环境。[①]

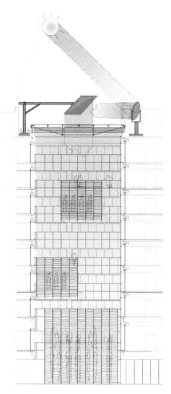

图2.77 环境国际公约履约大楼的中庭剖面（来源：《生态城市与绿色建筑》，2011春季刊）

图2.78 环境国际公约履约大楼的中庭阳光反射原理（来源：《生态城市与绿色建筑》，2011春季刊）

图2.79 环境国际公约履约大楼的中庭阳光反射装置（来源：《生态城市与绿色建筑》，2011春季刊）

---

① 环境国际公约履约大楼的绿色实践．生态城市与绿色建筑，2011春季刊．

相对于建筑屋面，在建筑立面上采用反光板将阳光反射到室内更深处的手段则更为常见。如旧金山公共事业委员会新行政总部就采用了水平反光板。由于建筑进深较大，项目通过复合表皮设计对室内光环境和热环境进行了优化，节能高达32%。立面反光板把光线引入到更深的室内，而遮阳板则增强了室内景观和自然采光的视觉效果。自动百叶窗能够根据太阳高度角调节开启角度。[1]

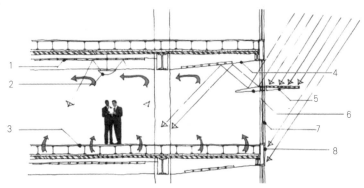

图2.80　旧金山公共事业委员会新行政总部的水平反光板（来源：《生态城市与绿色建筑》，2013秋＆冬季刊）

1 辐射吊顶　　3 高架地板　　5 外部集成光伏遮阳罩　7 高效能玻璃
2 漫射光照明　4 变截面梁　　6 轻型搁板　　　　　　8 特定区域内的拱肩多晶硅玻璃

除反光板外还有多种采光措施，如北侧房间可采用条状高侧窗或天窗，增加自然采光进深；地下室可设置采光天窗、导光井或导光管等，不一而足。

遮阳策略可以说是经常和采光策略一起出现的，两者相辅相成，互相制约。例如，在上海自然博物馆中建筑师在"细胞状"U形玻璃幕墙中综合考虑了采光和遮阳两种功能。采光遮阳一体化玻璃幕墙外围护透明部分将低辐射中空玻璃幕墙与遮阳体系有机结合。南面"U"形玻璃幕墙运用"细胞墙"构件将采光与遮阳完美结合，创造了强烈的建筑视觉效果；入口处的拉索式玻璃幕墙则与宽大的挑檐匹配，强化入口标志性的同时，还起到很好的遮阳效果。东立面三层的办公空间则采用可调遮阳百叶。以上多种灵活适宜的策略组合，将能耗最大的建筑表皮转换成了内部空间的能量调节装置。[2]

建筑师需要综合思考遮阳技术与建筑设计的密切关系，设

图2.81　上海自然博物馆入口（来源：《生态城市与绿色建筑》，2012夏季刊）

图2.82　上海自然博物馆外观（来源：《生态城市与绿色建筑》，2012夏季刊）

①　KMD建筑事务所.最具有可持续性的城市办公建筑设计探索.生态城市与绿色建筑，2013秋＆冬季刊：75—81.
②　与自然对话的建筑——上海自然博物馆绿色设计实践.生态城市与绿色建筑，2012夏季刊.

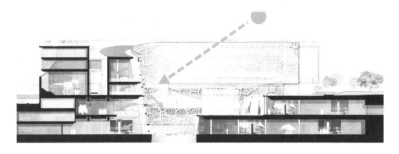

图 2.83 上海自然博物馆的自然光导入（来源：《生态城市与绿色建筑》，2012 夏季刊）

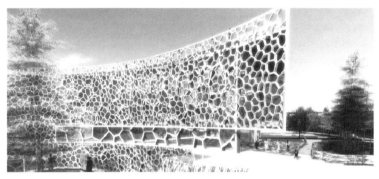

图 2.84 上海自然博物馆的"细胞状"U 形玻璃幕墙外观（来源：《生态城市与绿色建筑》，2012 夏季刊）

计选择需要权衡各个方面的因素，以保证综合最优，而非单纯的技术至上。活动外遮阳成本远高于固定外遮阳，采用自动调节或智能控制系统又需要较高代价。另外高技的遮阳复合表皮往往还有抗风性能、施工难度等难题。为节约成本和切实有效的遮阳，可以在建筑设计中综合运用不同类型的遮阳策略。例如：

1）充分利用建筑自遮阳，设计符合当地日照特点的建筑体量和表皮空间造型。在有建筑自遮挡且太阳辐射不强的空间，可不设外遮阳。

2）采用活动外遮阳与固定外遮阳的有效结合。不必过于追求高技派的全自动可调节表皮，而是在重点部位适当运用，如在辐射强度大且波动大的建筑东西立面。而在辐射强度小、光线角度变化小、采光要求不苛刻的部位，如建筑北立面，可考虑设置固定外遮阳或不设遮阳。

3）优化固定遮阳构件。比如通过计算典型太阳高度角得出遮阳百叶的合理角度，参照典型天气下的日照强度选择恰当的遮阳构件透光率等。

4）通过模拟计算，比较达到要求的不同遮阳方案的优劣。

株洲规划展览馆设计中的自遮阳策略是利用复合表皮建立缓冲空间，除了对不透明维护材料设置保温，以及对透明部分采用组合遮阳外，在建筑南侧组合建筑造型，用深远的建筑挑檐形成形体的自遮阳，减少太阳辐射，在建筑南侧外墙形成了一个半

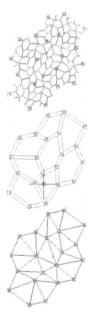

图 2.85 上海自然博物馆的"细胞状"U 形玻璃幕墙体系（来源：《生态城市与绿色建筑》，2012 夏季刊）

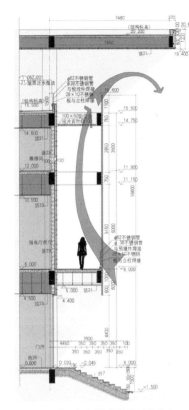

图 2.86 株洲规划展览馆的形体的自遮阳与南立面的缓冲（来源：《生态城市与绿色建筑》，2010 冬季刊）

图 2.88 深圳万科总部的多孔弧形遮阳板（来源：《建筑创作》，2011（01））

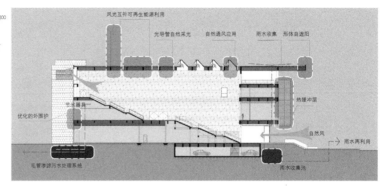

图 2.87 株洲规划展览馆的绿色建筑技术一览（来源：《生态城市与绿色建筑》，2010 冬季刊）

室外半室内的空气缓冲层，这个缓冲层保证了气流的流通，也为室内的办公、会议空间提供了休憩活动场所。①

在外遮阳方面，在很多项目有过多种造型、材质的复合表皮探索。如深圳万科总部的外遮阳方式采用了多孔弧形遮阳板。建筑师史提芬·霍尔由椰子树树叶的纹理获得灵感，设计了独特的具有树叶纹理的多孔弧形遮阳板。这一遮阳百叶系统能够做到遮阳不挡光（或称少挡光）、遮光不挡风（或称少挡风）。该系统是德国 TRANSOLAR 公司根据整个建筑立面的不同朝向以及深圳全年太阳高度角，做了垂直固定、水平固定和电动可调的多种形式处理，外部形成丰富的表皮肌理效果。当阳光透过百叶进入室内时会在墙面和地板上留下斑驳生动的光影，优化室内光环境，营造自然环境般的氛围。可旋转式的外遮阳系统能够自动旋转调节遮阳角度，保证采光和温度，在国内属于首次使用。相对于同类型建筑可以节能 75%。②

而像素大厦的遮阳构件亦给建筑形象增色不少。遮阳彩色绿化系统，是由种植植被、遮阳百叶、双层皮幕墙以及太阳能遮阳共同组成的综合系统。它形成了独具一格、五彩斑斓的"像素"表皮，让人过目不忘。该系统构造复杂，但形象简洁，可根据建筑功能和材料的不同，使立面肌理在人的尺度下呈现不同的视觉感受，并具有流动感和一致性。"像素"可在过滤阳光的同时为室内提供自然采光。这些彩色的翼片是固定在表皮上的（不能旋转），具有三个功能：首先，赋予建筑独特的视觉效果；其次，作为遮阳百叶系统在夏天起遮阳作用，减少空调系统的负荷；最后是照明调节，经过设计的叶片可以 100%

---

① 秀外慧中 简洁有力——株洲规划展览馆设计.生态城市与绿色建筑，2010 冬季刊.
② 朱建平.一个绿色巨构——深圳万科中心.建筑创作，2011（01）.

地允许自然光进入办公区域，同时避免眩光的影响，因此室内光线非常柔和，主要窗户上不需设置遮阳百叶，各区域均可使用笔记本电脑。①

图2.90 像素大厦室内采光及照明实景（来源《生态城市与绿色建筑》，2012春季刊）

图2.89 像素大厦西立面外观（来源《生态城市与绿色建筑》，2012春季刊）

图2.91 像素大厦立面局部（来源：《生态城市与绿色建筑》，2012春季刊）

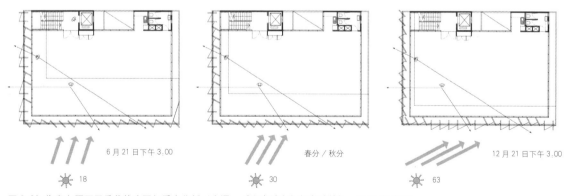

6月21日下午3：00　　　春分／秋分　　　12月21日下午3：00

☀ 18　　　☀ 30　　　☀ 63

图2.92 像素大厦不同季节的遮阳与采光分析（来源：《生态城市与绿色建筑》，2012春季刊）

① 像素大厦——澳洲绿色之星建筑．生态城市与绿色建筑，2012春季刊．

图 2.93 苏州工业园区档案管理综合大厦的双层皮可调电动遮阳幕墙外观（来源：《生态城市与绿色建筑》，2011 秋季刊）

除了外遮阳，在双层皮幕墙的中间层设置遮阳也是一种常见的遮阳策略，如苏州工业园区档案管理综合大厦的双层皮可调电动遮阳幕墙。针对建筑七层通透性要求较高的落地玻璃幕墙部分，采用了呼吸式双层皮玻璃幕墙结构：外侧窗采用 19mm 厚超白玻璃，内侧窗也采用 12Low-E+12A+12 中空玻璃，双层幕墙之间设电动遮阳帘系统，以达到夏季遮阳、冬季采暖，从源头大大降低采暖空调能耗。[①]

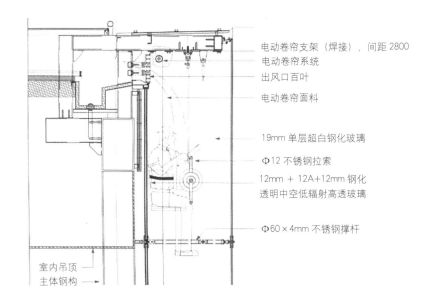

电动卷帘支架（焊接），间距 2800
电动卷帘系统
出风口百叶
电动卷帘面料

19mm 单层超白钢化玻璃
Φ12 不锈钢拉索
12mm + 12A+12mm 钢化透明中空低辐射高透玻璃

Φ60×4mm 不锈钢撑杆

室内吊顶
主体钢构

图 2.94 苏州工业园区档案管理综合大厦的双层皮可调电动遮阳幕墙（来源：《生态城市与绿色建筑》，2011 秋季刊）

相对于外遮阳或中间层遮阳来说，内遮阳从原理上对建筑能耗影响很小，因为太阳得热已经进入室内并成为空调负荷。然而内遮阳对室内光、热环境质量有一定优化作用，它能够避免阳光直射、保证靠窗空间的光照强度和热舒适度。

可调节的外遮阳系统越来越受到关注。如处于亚热带地区的昆士兰大学全球变化研究所，使用由轻质多孔铝板制成的双层垂直曲面可动幕墙。建筑表皮有三层复合材料：最外层是可调节穿孔金属板幕墙，中间层为可控制虫害的遮蔽层，最内层为可调节百叶。规格精确的金属板幕墙通过弹簧安装在轻质框架上。弹簧可使金属板达到预期角度并提供合适的刚度。幕墙可随外界环境条件变化而改变，跟踪阳光并自动调节角度。该幕墙能有控制地使光线和微风能够通过，减少空调负荷，缓和调节极端环境条

图 2.95 昆士兰大学全球变化研究所的日景和夜景外观（来源：《生态城市与绿色建筑》，2011 秋季刊）

---

① 以建筑记录绿色档案——苏州工业园区档案管理综合大厦绿色建筑实践.生态城市与绿色建筑，2011 秋季刊.

件。默认采光区会尽可能利用自然光进行照明，为同时满足遮阳隔热的要求，建筑师设计了穿孔密度不同的金属板穿孔肌理。该肌理是根据视野区和非视野区采用不同的穿孔率，如在视野区高达 40% 而在非视野区则低至 10%。[①]这样既保证了良好的视觉通透性，又避免了过度暴晒导致的升温。

墨尔本政府绿色办公楼 CH2 同样充分利用动态遮阳来获取最佳遮阳效果和景观效果。CH2 建筑的西立面朝向斯旺斯顿街（Swanston Street），整个西墙有随太阳照射而自动变换角度的再生木质百叶窗遮阳，早上完全打开，下午太阳直射时关闭，由一套液压的系统来控制。作为一堵 10 层楼高由再生木质百叶窗构成的外墙，西立面在下午 3 点左右可保护

图 2.97　墨尔本政府绿色办公楼 CH2 立面遮阳百叶开启（来源：《生态城市与绿色建筑》，2012 秋季刊）

图 2.96　昆士兰大学全球变化研究所的自动跟踪阳光可调节遮阳系统（来源：《生态城市与绿色建筑》，2013 秋 & 冬季刊）

图 2.98　墨尔本政府绿色办公楼 CH2 立面木质百叶窗（来源：《生态城市与绿色建筑》，2012 秋季刊）

① 澳大利亚 HASSEL 设计集团 . 昆士兰大学全球变化研究所 . 生态城市与绿色建筑，2013 秋 & 冬季刊 ,65~74.

图 2.99 普天科研楼的可调控遮阳表皮（来源：《生态城市与绿色建筑》，2010 春季刊）

建筑免受阳光的曝晒。等到傍晚时分，百叶窗逐渐打开，如同绽放的花朵般，露出其后的玻璃建筑。年代较为久远、未经加工过的可再生木料是这些木材墙面的主要来源。它们是一种天然材料，并随着时间的推移老化变色，这也是大自然氧化的过程。与其说是古朴的玻璃幕墙界定了自然，不如说它本身就是大自然绘画的杰作。CH2 的整个立面都随着太阳的运转而变动，像大自然的一面镜子。一天中除了太阳直射到西立面的 3 个小时外，整座城市的美景在每层楼都能尽收眼底。

国内一些项目在可控遮阳表皮上也有比较成熟的探索，如普天上海科研楼的可调控遮阳表皮。建筑上部的主体体量由双层表皮围护。在高性能热绝缘门窗和外墙的外侧，是由铝合金百叶构成的可调控遮阳表皮。统一模数的银色铝合金板为建筑罩上了一层单质的立面，不同的翻启模式又使其呈现出变化多样的立面

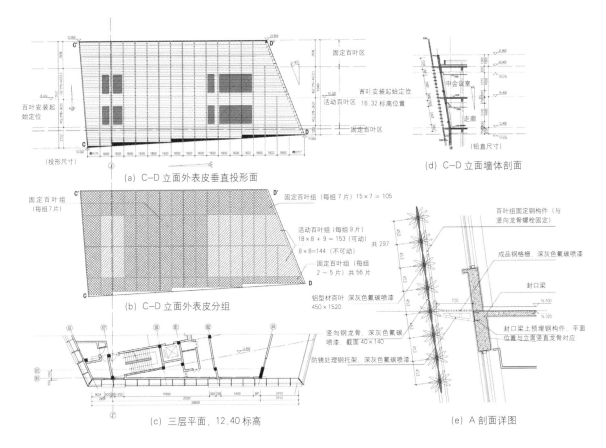

图 2.100 普天科研楼的可调控遮阳表皮构造（来源：《生态城市与绿色建筑》，2010 春季刊）

表情。双层表皮完全脱开，在与门窗对应的位置，外层的遮阳百叶分组设置自控系统，可根据采光、视野、遮阳、蓄热的不同功能要求分区域进行控制调节，实现冬季最大限度利用太阳能、夏季遮挡太阳辐射，同时满足室内自然采光的最佳设计。双层表皮之间 720mm 宽的夹层为检修提供了空间。夹层的上下端部设封口百叶。夏季，封口百叶打开，空气在两者之间狭窄的空腔内流动，带走多余热量降低建筑表面温度；冬季，百叶闭合，空腔相对封闭，犹如一层"棉衣"将建筑体量包裹起来，建筑表面的散热得到有效的控制。①

光环境优化要求更深入的细部优化设计。如尼桑先进技术研发中心在玻璃外层使用的外遮阳装置在细部优化设计中集合了各种遮阳、通风和防热构造。百叶窗平台能够有效减少太阳辐射进入室内，也在一定程度上维持玻璃的清洁。同时设置了喷雾系统，可减少北向玻璃表面辐射温度。在南侧屋檐下镶嵌了光伏百叶，中庭装有外遮阳百叶窗。可旋转幕帘能够促进自然通风。②

细部策略往往意味着在复合表皮具体构件的尺寸、造型上精益求精，以达到最优的环境优化效果。例如丰田汽车（中国）研发中心在百叶状反光板的设计中经过了反复修改优化。日方在方案设计的阶段就设计了反光板，用以改善办公区内的自然采光条件。在后续的设计中从江苏常熟的实际情况出发，反光板的形状被进一步修改成百叶状。优化的结果是减少了对外区的采光影响，积灰问题也能够通过雨水冲刷得以解决。③

图 2.102　丰田汽车（中国）研发中心百伏反光板（来源：《生态城市与绿色建筑》，15 期）

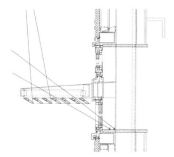

图 2.103　丰田汽车（中国）研发中心百伏反光板构造（来源：《生态城市与绿色建筑》，15 期）

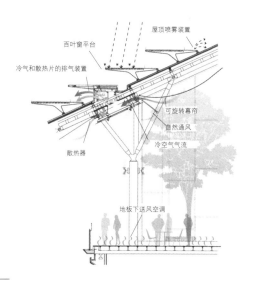

图 2.101　尼桑先进技术研发中心的细部优化设计（来源：《生态城市与绿色建筑》，2011 夏季刊）

---

① 空间调节——中国普天信息产业上海工业园智能生态科研楼的被动式节能建筑设计，生态城市与绿色建筑，2010 春季刊。
② 创新工场——尼桑先进技术研发中心，生态城市与绿色建筑，2011 夏季刊。
③ 丰田汽车（中国）研发中心事物栋的绿色实践，生态城市与绿色建筑，2014 春季刊。

图 2.104 资格赛馆 10m 馆靶位反射导光照明效果（摄影：张广源）

图 2.105 自然采光与人工照明结合的北京奥运会射击馆资格赛馆 10m 室内射击馆（摄影：张广源）

光环境优化的特殊案例：防眩光及反光式顶部采光窗实例——北京奥运会射击馆

北京奥运会射击馆资格赛馆二层的10m靶比赛厅为封闭式室内比赛厅，考虑到日常使用的经济方便性，设计采取适宜措施，使这个室内比赛厅实现了可控炫光的自然采光。比赛厅射手位上后方设置采光天窗，在采光玻璃屋面下增加了柔光磨砂片和百叶格栅透光吊灯，经过角度、位置计算的格栅片能很好地挡住直射阳光进入室内。为射手及前排观众提供自然采光，也防止室内眩光对运动员射击比赛的影响。在受弹靶位上方设置反光式顶部采光窗，为靶面提供自然照明。在这个特殊的采光做法中，通过精确的几何计算确定导光板曲线，保证反射到内部的光线在距地1.4m的靶心位置达到光照最高点。导光板由反光金属板制成，反光效率高。可开启的外窗还可实现整个比赛厅的自然通风、自然消防排烟。除电视转播特别要求的转播照明之外，建筑外皮的这一系列构造措施基本满足比赛厅训练使用时的采光要求，大大降低使用成本。

图2.106　通过导光板为10m靶场靶面营造自然采光（摄影：祁斌）

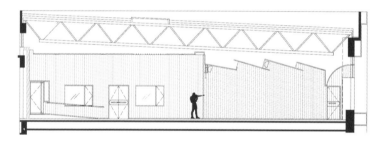

图2.107　北京射击馆资格赛馆剖面

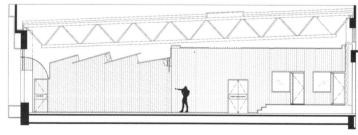

图2.108　北京射击馆资格赛馆剖面

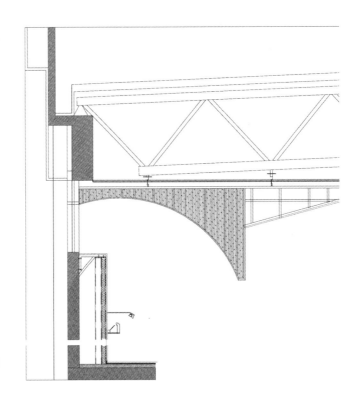

图 2.109 北京射击馆资格赛馆自然通风、反射采光表皮设计图示

自然采光的另一种方式：光导管自然光采光系统

　　光导照明系统是一种新型照明装置，其系统原理是通过采光罩高效采集自然光线导入系统内重新分配，再经过特殊制作的光导管传输和强化，后由系统底部的漫射装置把自然光均匀高效地照射到室内，得到由自然光带来的特殊照明效果。光导照明系统与传统的照明系统相比，存在着独特的优点，有着良好的发展前景和广阔的应用领域，是真正节能、环保、绿色的照明方式。该套装置主要分为以下几个部分：采光装置、导光装置、漫射装置。

　　光导照明系统具有节能、环保、安全、健康和时尚等特点。它无能耗，一次性投资，无须维护，节约能源；光源取自自然光，光线柔和、均匀、全频谱、无闪烁、无眩光、无污染，并通过采光罩表面的防紫外线涂层，滤除有害辐射，能最大限度地保护场地地板；具有防水、防火、防盗、防尘、隔热、隔声、自洁等性能。

　　北京奥运会柔道跆拳道馆安装了 148 个直径为 530mm 的光导管（折射率为 99.7％），目前是国内单体建筑中安置光导管最多的建筑。在阳光比较好的情况下，它采集的光线能满足体育训练的要求，基本可以不开灯或者少开灯。光导管在白天采集光源照亮室内，晚上则可以将室内的灯光通过屋顶的采光罩传出，起到美化夜景的效果。

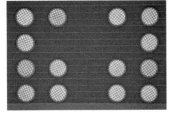

图 2.110 北京奥运会柔道跆拳道馆光导管外观及室内 （摄影：张广源）

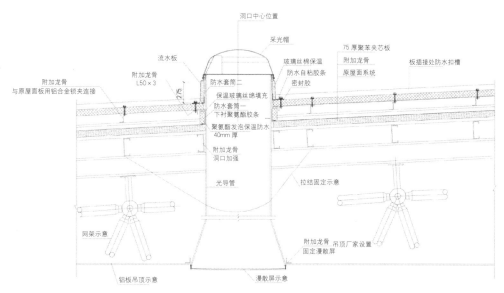

洞口中心位置
采光帽
75厚聚苯夹芯板
流水板
玻璃丝棉保温
附加龙骨
板插接处防水扣槽
附加龙骨
附加龙骨
防水自粘胶条
原屋面系统
与原屋面板用铝合金锁夹连接
L50×3
防水套筒二
密封胶
保温玻璃棉填充
275
防水套筒一
下衬聚氨酯胶条
聚氨酯发泡保温防水
40mm 厚
附加龙骨
洞口加强
光导管
拉结固定示意
网架示意
附加龙骨
固定漫散屏
吊顶厂家设置
铝板吊顶示意
漫散屏示意

图 2.111 北京奥运会柔道跆拳道馆光
导管剖面示意图（来源：北京索乐图
公司）

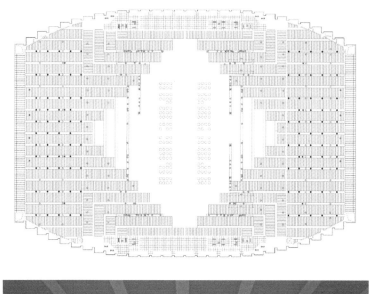

图 2.112 北京奥运会柔道跆拳道馆光
导管平面示意图（来源：北京索乐图
公司）

图 2.113 内场光导管照明照片（摄
影：张广源）

图 2.114 北京奥运会射击馆资格赛馆观众休息厅（摄影：张广源）

2.4 风环境优化

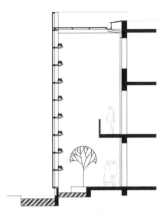

图 2.115 中新生态城城市管理服务中心的剖面热压通风示意图（来源：《生态城市与绿色建筑》，2010 秋季刊）

图 2.116 香港理工大学专上学院红磡湾校区的不同立面处理与灰空间（来源：《生态城市与绿色建筑》，2010 秋季刊）

综述

按照驱动力源分类，建筑的自然通风可分为风压作用下的自然通风和热压作用下的自然通风。前者措施有：在建筑布局上，可采用长边迎着主导风向，以使室外风在迎风面和被风面形成压力差，促进室内换气通风；后者措施有：在中庭边庭、楼梯间或幕墙顶部设置拔风井或可开启百叶作为通风口，利用建筑内部热压形成烟囱效应等。如中新生态城城市管理服务中心的"边庭 + 可开启玻璃屋面"的原理就属于典型的热压通风。

在设计中，建筑体量的布局对通风有很大的影响。深圳万科总部在建筑创作之初，就充分考虑到华南地区的湿热气候特点，建筑体量的布局也充分考虑到通风和采光的要求。建筑为折线形，平面的平均宽度为 20m 左右，水平展开，非常有利于自然通风和采光。能够达到 LEED 铂金认证所要求的 75% 自然采光面积和 30% 开窗面积的要求。[1]

复合表皮的设计也可以与空间设计相结合，从而更好地实现自然通风的效果。香港理工大学专上学院红磡湾校区就采用了不同立面处理与边庭灰空间结合的设计。设计采用串联的模块化表皮，配合螺旋上升的空中庭院，加强了自然通风效果。根据不同的环境对立面进行不同的处理：在大楼的不同位置采用了不同密度的铝百叶，不同种类及不同面积的玻璃，以及传统理工大学的两种不同材质的红砖，用以营造不同的通透程度，同时也控制阳光进入室内的强度。配合室内走廊尽可能采用可开启式窗户，以增加自然通风量。这样的综合措施为大楼提供了一个自然舒适的环境，并重新演绎了室外学习及共享空间。[2]

图 2.117 香港理工大学专上学院红磡湾校区的剖面和立面（来源：《生态城市与绿色建筑》，2010 秋季刊）

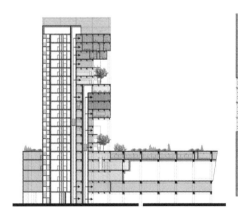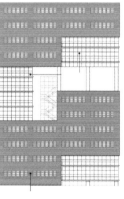

① 朱建平，一个绿色巨构——深圳万科中心，建筑创作，2011（01）.
② 香港理工大学专上学院红磡湾校区．生态城市与绿色建筑，2010 秋季刊．

利用热压进行自然通风的常见复合表皮构件有排热烟囱、可开启天窗等。如加拿大温哥华范杜森植物园游客中心利用太阳能烟囱辅助自然通风。可开闭的玻璃天窗和铝制散热片具有铝质吸热设备的特性，能够将太阳能转化成为空气对流的动力，在中庭空间中形成空气流，实现中庭拔风的效果。夏天通风效果更佳。该太阳能烟囱位于中庭中心，也位于整个建筑热辐射核心，在形式和功能上都集中体现了环境优化的意识。它从屋顶景观中探身而出，不仅较好地解决了通风散热的问题，还使中庭呈现出温暖的橘黄色调，营造了独特的中庭空间效果。①

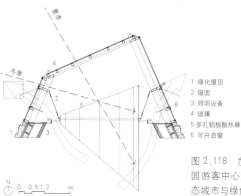

1 绿化屋顶
2 锚固
3 照明设备
4 玻璃
5 多孔铝板散热器
6 可开启窗

图 2.118　加拿大温哥华范杜森植物园游客中心太阳能烟囱（来源：《生态城市与绿色建筑》，2014 春季刊）

　　青岛天人集团办公楼在绿化中庭的部分同样使用了排风烟囱和带外遮阳的玻璃幕墙，能够在夏季形成热压通风效果。利用热空气上升的原理，顶部排风烟囱可将污浊的热空气排除，而室外新鲜冷空气则从建筑底部被吸入。②

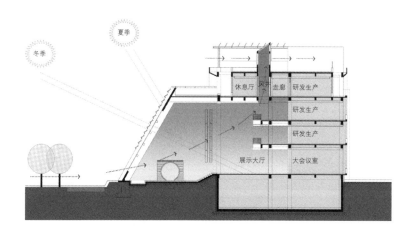

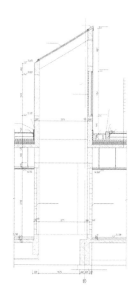

图 2.119　青岛天人集团办公楼的热压通风措施与热压通风竖井大样（来源：《生态城市与绿色建筑》，2010 春季刊）

①　Perkings+Will 建筑设计事务所，加拿大温哥华范杜森植物园游客中心，生态城市与绿色建筑，2014 春季刊。
②　绿色建筑的被动整合设计方法与实践——以青岛天人集团办公楼为例．生态城市与绿色建筑，2010 春季刊．

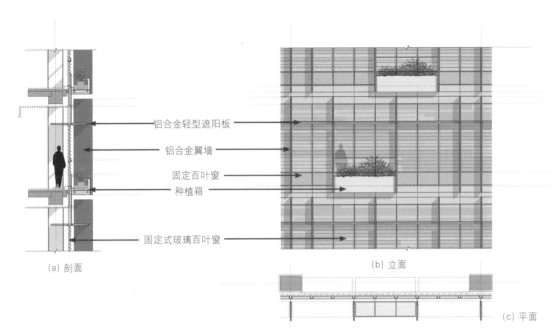

图 2.120　邱德拔医院的可调节式百叶窗（来源：《生态城市与绿色建筑》，2010 冬季刊）

铝合金轻型遮阳板
铝合金翼墙
固定百叶窗
种植箱
固定式玻璃百叶窗

(a) 剖面
(b) 立面
(c) 平面

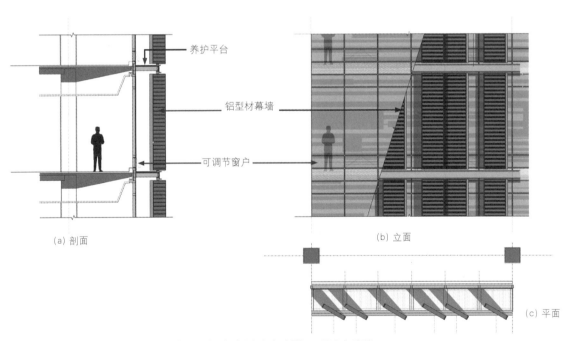

图 2.121　邱德拔医院的导风遮阳系统（来源：《生态城市与绿色建筑》，2010 冬季刊）

养护平台
铝型材幕墙
可调节窗户

(a) 剖面
(b) 立面
(c) 平面

风压作用下的自然通风设计实例相对前者较少，但也不乏优秀案例。如新加坡的邱德拔医院的导风遮阳系统。随着外部气流的改变，模块化的可调节式百叶窗可用来控制或增强进入病房的气流。灰色茶玻璃用于减少眩光。而这些百叶窗呈15°角的设置可达到最佳的换气效果和最少的雨水渗漏概率。固定百叶，即"雨季百叶"，设置在外墙与病床等高的位置，即使是在大雨天，也可保障最低限度的空气交换。布满了铝合金散热片的建筑外墙被称作"翼墙"，可通过增加外墙的风压将盛行风导入建筑。新加坡国立大学进行的风洞试验发现，这些铝条将提高 20% ～ 30% 的空气流动。上述翼墙的有效性通过在设计阶段运用计算流体动力学模拟进行了优化，并且通过风洞研究做了进一步验证。[①]

图 2.122　邱德拔医院的自费病房幕墙外观（来源：《生态城市与绿色建筑》，2010)

图 2.123　邱德拔医院的"翼墙"外观（来源：《生态城市与绿色建筑》，2010)

---

① 康复环境的可持续设计——邱德拔医院，生态城市与绿色建筑，2010 冬季刊．

图 2.124 中国第一商城的波鳞式幕墙
（来源：北京建筑设计研究院）

在通风策略的指导下，表皮细部设计中需要考虑一些通风构件的设置。在外表皮中，自然通风器是一种比较行之有效的构造措施，即通过安装在建筑立面（幕墙或门窗）上的自然通风器，使建筑的外围护结构阻力特性可调，从而根据室内外的温湿度、风速风向等气象条件，根据室内人员需求等调节室内外风口的角度，进而调节进入室内的新风量，实现小风量下的供求平衡，可以大幅度地减少新风系统输送能耗，同时有效解决室内新风不足与新风过量的问题。更有效的解决方案是，直接将空调系统的新风和建筑立面一体化，这样可以有效实现新风过滤、噪声控制、环境品质提升和节能等多种目标。在窗台下方将风机盘管和室外新风口直接连接，这样的好处就是室外的新风事实上是和风机盘管的送风掺混后送入室内，相当于混合通风的方式，有利于节能换气。中国第一商城的"波鳞式幕墙"就应用了自然通风器，将玻璃幕墙分块斜置，与建筑墙面形成夹角，从夹角面和下面进入自然空气，在幕墙内冷却后再进入室内。并用五种大小不同的玻璃幕墙单元和五种大小不同的铝合金幕墙单元通过不同角度的组合形成幕墙的整体。山东交通学院图书馆的标准楼层空调模式也属于类似的做法，省掉了外区新风系统，类似于混合通风模式，自 2007 年运行以来，实践证明节能效果明显，全年空调能耗不到 15kWh/m²，大大节省了能耗，同时室内空气品质令人满意。

细部设计同样体现在内表皮的构造设计中。为实现均匀有效的自然通风，普天信息产业上海工业园智能生态科研楼在内墙上设置了专门的通风构造：在主要的通风方向上，内墙上部开 400mm 高的通风口，沿走廊为横向铝合金百叶，内则为可翻起木板以调节通风。过渡季时，建筑外墙、内墙通风口、中庭顶部天窗均可开启，形成空气有效贯通，实现了大换气量的自然通风。上海张江集电港办公中心为达到较好的"穿越式"自然通风效果，使在热压作用下的热气流能够如设计时那样顺畅流向拔风井，也在房间靠近走廊的内墙上设置百叶抠。过渡季利用自然通风时开启百叶抠，而空调季则关闭。①

换气策略是风环境优化的另一种常见策略，如墨尔本政府绿色办公楼 CH2 的废气管道。根据深色物体吸收热量暖空气上升的自然规律，CH2 大楼北立面（墨尔本位于南半球，其北向为朝阳方向）建了 10 个深色的管道。南立面则根据浅色反射热效

① 空间调节——中国普天信息产业上海工业园智能生态科研楼的被动式节能建筑设计，生态城市与绿色建筑，2010 春季刊．

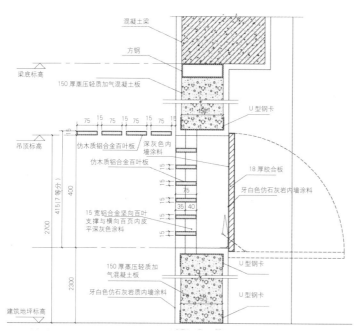

图 2.125 普天科研楼的内墙通风构造（来源：《生态城市与绿色建筑》，2010 春季刊）

率高和冷空气下沉的规律，设置了 10 个浅色管道，它们从屋面带入新鲜空气，向下输送到建筑物各层。管道上大下小，在转向立面的时候为每层楼提供换气。上大下小的锥形最大程度地提高了工作效率。北立面向上流动的废气和南立面向下的新鲜空气构成了纵向图示元素。通过吸收太阳的辐射加热内部空气，在"热压原理"作用下热空气上升，由下向上通过屋顶风力涡轮机将废气带出建筑物。晴天，北面管道是深色的，热吸收加大了废气管道的空气浮力，而南面浅色的送风管道则反射太阳能。倒立的锥形扩大了外墙立面窗户面积，从而弥补在建筑的较低楼层逐渐减少的日光。南立面还有 5 个高 13m、直径 1.4m 的喷淋塔，夜间窗户自动开启，使冷空气进入室内，为建筑内部空间换气通风。①

通风：自然换气

　　徐州音乐厅对应大中庭空间，设计充分考虑内部空气流通、实现自然换气的可能性。在弧形"花瓣"建筑表皮的下方及上方，都设置了可人工控制开启的进风及出风口。当打开上下风口，利

图 2.126　CH2 建筑的北立面和南立面（来源：《生态城市与绿色建筑》，2012 秋季刊)

---

① CH2：墨尔本政府绿色办公楼的美学和生态研究，生态城市与绿色建筑，2012 秋季刊．

图 2.127 徐州音乐厅全景（摄影：陈尧）

图 2.128 音乐厅表皮下部设置的自然通风口施工现场（摄影：祁斌）

用中庭空间形成的空气温差和压差，自然会形成内部空间的空气对流，实现大空间的自然通风、换气，节能效果显著，室内环境质量也大大改善。

自然渗透：可呼吸绿色内表皮

北京奥运会射击馆的建筑设计打破了大型建筑室内环境与室外环境的严格界限，通过"渗透中庭"的建筑形式、"导光百叶"的细部做法、"室内园林"的室内设计将自然环境引入室内，充分利用自然通风采光，实现室内外灵活交换、相互渗透，塑造清新健康的体育建筑形象。

1）实现主要比赛厅自然采光、通风的外壁做法：通过"呼吸外壁"、"室内园林"等建筑手法，将自然环境引入室内，实现室内外空间相互渗透。决赛馆比赛区设置了既能防止跳弹，又能够实现自然采光的天窗。

2）实现"绿色中厅"的复合表皮体系：在资格赛馆设置内外过渡的"绿色中庭"，布置绿植、休息角落。引入了自然采光与绿色植物，上下空气自然流通，创造舒适、宜人、绿色的人性化空间形态，体现绿色、人文奥运的主题。

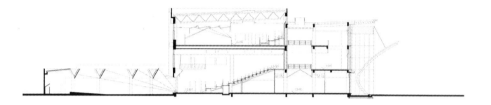

0m 2m 4m 8m

图 2.129 北京奥运会射击馆剖面 1

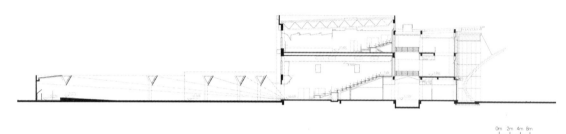

0m 2m 4m 8m

图 2.130 北京奥运会射击馆剖面 2

图 2.131 北京奥运会射击馆资格赛馆共享中庭 (摄影：张广源)

图 2-132 北方剧由场采用厚实的建筑表皮，保持建筑较好的隔声、保温性能效果（摄影：张广源）

2.5 声环境优化

图 2.133 北方射击场采用厚实的建筑表皮，保持建筑较好的隔声、保温性能效果（摄影：张广源）

综述

声环境优化的常见策略有：隔声、吸声、防噪、组织声场等。隔声是建筑表皮的基本功能之一，而隔声量的大小基本取决于围护结构材质的密度与质量的大小，因此，不同类型的建筑，可以由复合表皮的形式来提供足够的隔声需求。

复合表皮围护结构将外保温、隔声、外装饰功能融为一体，具有很强的面材灵活性和表现力。在一些对声学有特殊要求的建筑中，如歌剧院、音乐厅或射击馆等，也会运用带有声学构造的复合表皮，控制声反射、声扩散，以达到组织声场的效果。在材料策略上，可使用隔声性能较好的幕墙，如上海张江集电港办公中心的 RP 钢幕墙，不会因温度变化产生噪声。在构造策略上，亦有若干隔声措施可有效减少楼层间、相邻房间之间的固体声传播，如在内外墙及楼盖搁栅间填充玻璃纤维，吊顶龙骨采用带有小切槽的弹性构造，分户墙采用二道墙柱等。其他优化导向的建筑表皮也能间接起到声环境优化效果，如一定程度外表皮采用大面积呼吸式幕墙可间接起到隔声效果。没有大面积开启外窗也可保证室内声环境的质量。[1]

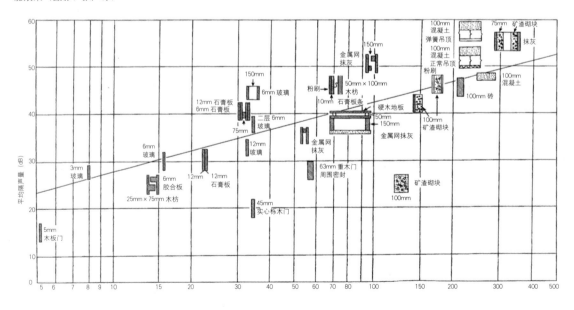

图 2.134 构件面密度与平均隔声量对照表

① 创新之家——上海张江集电港办公中心.生态城市与绿色建筑,2010 秋季刊.

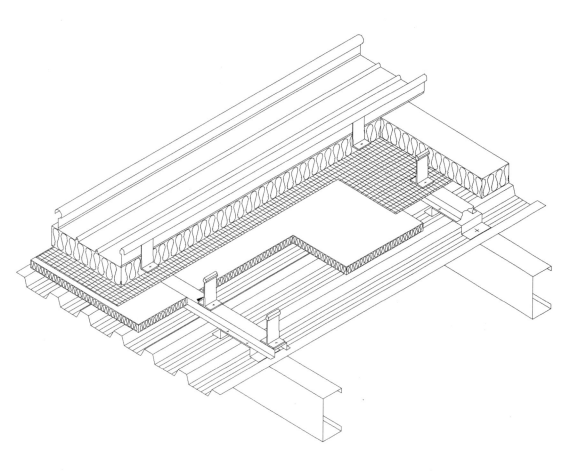

图 2.135 跆拳道馆屋面结构纵向剖面图轴测图

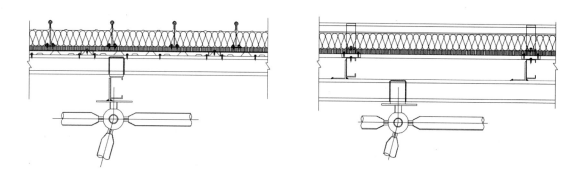

图 2.136 跆拳道馆屋面结构横向 + 纵向剖面图

图2.137 北京奥运会射击馆资格赛馆观众靶区清水混凝土外墙（摄影：张广源）

隔声：预制清水混凝土外挂板

北京奥运会射击馆外墙采用的预制清水混凝土外挂板，简洁朴素，具有良好的隔声、隔热、装饰效果，具有很强的面材完整性和简洁有力的建筑表现力，为非承重构造做法。预制外墙挂板采用反打一次成型工艺工厂化生产，具有严格控制的质量保证条件，满足很好的外装饰标准要求。预制外墙挂板与主体结构采用柔性节点连接，具有良好适应层间变位的抗震性能，板缝处理计划有开缝和密封胶缝两种形式，均可保证其良好的防水效果。

作为大体量的体育建筑，射击馆追求朴素、自然、大气、拙朴的建筑性格，立面强调大尺度分格与深缝装饰质感，采用预制清水混凝土挂板的外墙做法，既是良好的外墙隔热、隔声构件，又是外墙装饰体系。基

图2.138 北京奥运会射击馆决赛馆清水混凝土外挂板外墙局部（摄影：张广源）

图2.139 北京奥运会射击馆决赛馆建筑局部（摄影：张广源）

本分隔尺寸为 1000mm×2500mm，尺度保持与整个建筑的比例协调。

外挂工艺，首先在建筑结构体预留结构挂件，围护墙体表面粘贴 30mm 厚挤塑型聚苯乙烯保温板，再在外侧干挂预制混凝土挂板，由于在挂板与保温层之间形成约 40mm 厚的空气间层，有利于墙体保温，外墙的传热系数大大降低。尤其针对射击运动存在一定程度噪声的客观情况，容重较大的混凝土挂板能够起到较好的隔声作用，其全新的节点构造做法已经成为行业标准。这些自身容重大的外挂材料在建筑隔声方面起到了很好的作用。北京奥运会射击馆室内背景噪声的实测数据见第四章。水性表面保护剂保持了混凝土原始质感，朴素自然的效果与体育运动主题十分相符。

射击馆还部分采用了现浇清水混凝土工艺。该工艺要求土建混凝土浇筑时将所有的预埋构件、接电线盒、插座板件等一次性施工安装到位，达到建筑装饰精度要求，然后再进行混凝土浇筑。对模板的排板、拼接、现场固定要求很高。对施工时序控制、后期养护、成品保护等方面的要求也很高，要求有严密有序的施工组织。

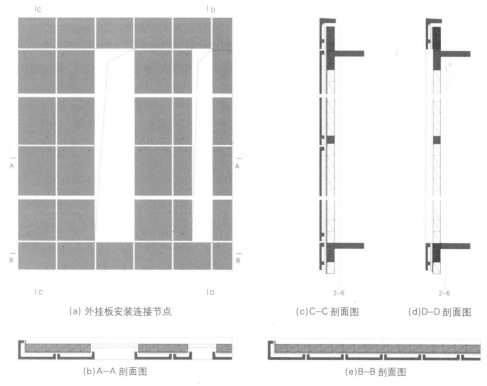

(a) 外挂板安装连接节点   (c)C–C 剖面图   (d)D–D 剖面图

(b)A–A 剖面图   (e)B–B 剖面图

图 2.140 北京奥运会射击馆预制清水混凝土外挂板大样

隔声防噪：综合隔声金属屋面

近年来，轻质金属屋面作为建筑顶部表皮的重要围护形式，被广泛地应用到大型公建中，由于其重量轻、厚度薄、质量小、有结构缝隙等普遍原因，轻质屋面相比混凝土等重型屋顶结构的隔声性能偏低，因此带来的隔绝雨噪声问题也越来越突出。

北京奥运会射击馆资格赛馆二层的两个 10m 靶比赛厅以及决赛馆顶部是钢结构大跨度金属屋面，在隔声、隔热方面都是薄弱环节，尤其对于射击馆比赛，对噪声、振动的控制要求很高，在这方面矛盾尤为突出。为隔绝可能遇到的雨噪声对正常的训练和比赛带来的干扰，采用了保温、隔声为一体的综合隔声金属屋面复合表皮的构造:采用双层金属面板，两层板之间采用了防火、隔热性能较好的离心玻璃棉，厚度达到150mm。在玻璃棉下方还附加一层隔热防潮的铝塑加筋膜。在隔声层下方，设置吸声层，由两层构造组成，分别是摆铺吸声毡的空腔层和穿孔金属格栅吊顶层，分别对应低频和高频的吸声要求。与墙面的吸声做法共同作用，大大提升了建筑的隔声性能。奥运期间实测射击馆主要比赛厅的空场混响时间为 1.2～1.4 秒，净场（无设备运行情况下）的背景噪声仅为 32～35dB（奥运会后实测为 25～29dB），达到比较理想的声环境条件。

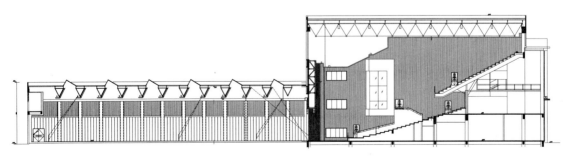

图 2.141 北京奥运会射击馆决赛馆剖面

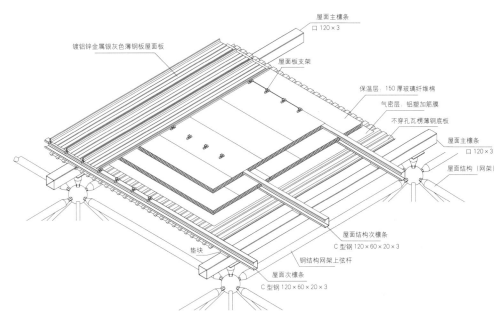

图 2.142 北京奥运会射击馆观众厅屋面构造轴测示意图（单位：mm）

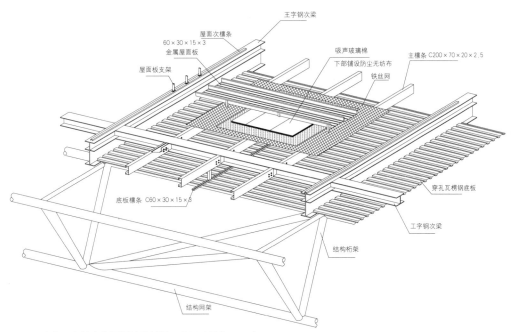

图 2.143 北京奥运会射击馆屋面构造轴测示意图（单位：mm）

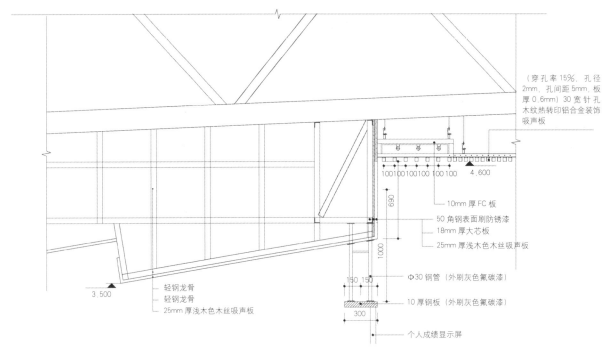

（穿孔率15%，孔径2mm，孔间距5mm，板厚0.6mm）30宽针孔木纹热转印铝合金装饰吸声板

10mm厚FC板

50角钢表面刷防锈漆

18mm厚大芯板

25mm厚浅木色木丝吸声板

Φ30钢管（外刷灰色氟碳漆）

10厚钢板（外刷灰色氟碳漆）

个人成绩显示屏

4.600

100 100 100 100 100 100

690

1000

3.500

150 150

300

轻钢龙骨
轻钢龙骨
25mm厚浅木色木丝吸声板

图 2.144 北京奥运会射击馆 10m 资格赛馆比赛大厅天花大样

图 2.145 北京奥运会射击馆决赛馆射击区实景照片（摄影：张广源）

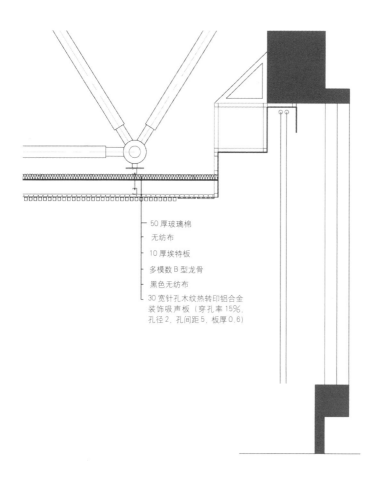

50 厚玻璃棉

无纺布

10 厚埃特板

多模数 B 型龙骨

黑色无纺布

30 宽针孔木纹热转印铝合金
装饰吸声板（穿孔率 15%，
孔径 2，孔间距 5，板厚 0.6）

图 2.146 北京奥运会射击馆轻型屋面隔声复合表皮构造做法（单位：mm）

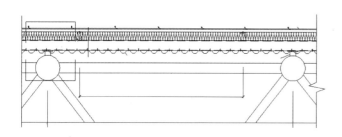
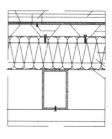

图 2.147 北京奥运会射击馆的隔声金属屋面构造

吸声：穿孔铝合金吸声雨篷

　　建筑周边的声环境，除了受到所处地段的噪声影响以外，还与建筑的方位布置、体形设计、表皮构造等密切相关。建筑的布局和表皮的形态要尽量将外部噪声隔绝在建筑环境之外，或反射到不影响声环境品质的区域。由于体形设计而无法隔绝或散射的噪声，应利用表皮的特殊构造将噪声吸收。北京奥运会射击馆资格赛馆的入口雨篷设计，考虑了南侧香山南路的交通噪声对入口广场的干扰，将雨篷底面设计为穿孔铝合金吸声构造，用来降低对交通噪声的汇聚作用。

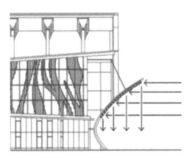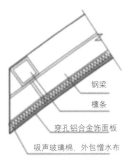

钢梁
檩条
穿孔铝合金饰面板
吸声玻璃棉，外包憎水布

图 2.148 北京奥运会射击馆的雨篷底面设置吸声材料

声音反射：斗型反射声罩

　　中国北方国际射击场射击位三面围合，一面敞开，通过顶面和侧面的斜向处理，使射击位成为斗型反射声罩，第一时间将声音反射到大气中，做法简洁、实效突出。这也为后期的装修设计提供了便利条件（如果在半室外环境的射击位采用吸声材料将大大提高造价，也不利于长久维护）。为了有效减少射手水平差异产生的地面跳弹和对轨道的破坏，设计将室内地坪上抬，高于室外地坪 1m。射击位隔墙采用橡胶板、木板、钢板复合构造，并向外侧倾斜，有效防止飞弹和跳弹。

图 2.149 北方射击场开放的射击
口部（摄影：张广源）

图 2.150 北方射击场开放的射击口部（摄影：张广源）

图 2.151 北京奥运会射击馆资格赛馆观众入口雨篷（摄影：张广源）

图 2.152 北京奥运会射击馆资格赛馆门廊（摄影：张广源）

综合：射击馆声学复合表皮集成

北京奥运会射击馆出于节地高效考虑，首创采用双层立体资格赛馆布置方式，为此需要克服解决由此可能引起的楼板振动对运动员精确比赛的影响。为此，设计采用了"浮筑式楼板"技术，在可能产生振动的设备机房采用双层浮筑楼板做法，有效解决了这一难题。这一做法获得国际射击联合会验收时的高度评价，认为这是射击馆建造技术的重大突破，首次成功实现了立体化射击场馆的布置，对今后全世界建设高效的射击场馆具有很好的示范作用。

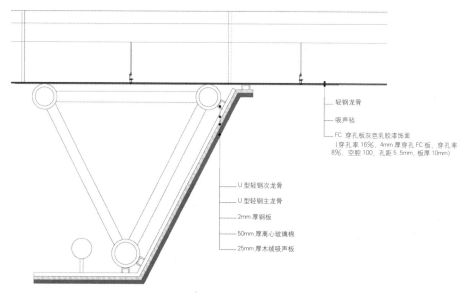

　　轻钢龙骨
　　吸声毡
　　FC 穿孔板灰色乳胶漆饰面
　　　（穿孔率 16%，4mm 厚穿孔 FC 板，穿孔率
　　　8%，空腔 100，孔距 5.5mm，板厚 10mm）

　　U 型轻钢次龙骨
　　U 型轻钢主龙骨
　　2mm 厚钢板
　　50mm 厚离心玻璃棉
　　25mm 厚木绒吸声板

图 2.153 北京奥运会射击馆决赛场地顶棚防跳弹构造大样

100 型轻钢龙骨，50mm 厚离心玻璃棉
一侧贴紧，80～100kg/m³
大芯板
灰色混油饰面

200 厚舒布洛克砖砌墙体（不开孔）
100 型轻钢龙骨，50mm 厚离心玻璃棉一侧贴紧，80～100kg/m³
松木实板 150mm 宽，20mm 间隙，20mm 厚

100 型轻钢龙骨，50mm 厚
离心玻璃棉一侧贴紧，80～
100kg/m³
大芯板
灰色混油饰面

图 2.154 北京奥运会射击馆决赛场地侧墙大样

图 2.155 北京奥运会射击馆资格馆靶区剖面 1

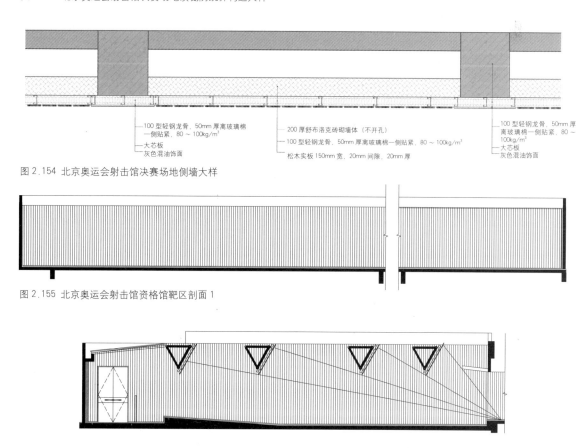

图 2.156 北京奥运会射击馆资格馆靶区剖面 2

图 2.167 徐州音乐厅外观（摄影：陈尧）

2.6 视觉与文脉

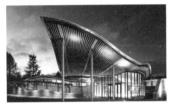

图2.158 加拿大温哥华范杜森植物园游客中心建筑形态（来源：《生态城市与绿色建筑》，2014春季刊）

综述

毋庸置疑，建筑表皮与整个建筑的视觉形象有着莫大关联。建筑美学、工业制造美学，以及建筑单体对城市环境和文脉的尊重呼应，很大程度上体现于建筑立面和表皮效果。当代建筑常用的表达视觉文脉环境优化的策略包括仿生拟态、动态形象、隐喻象征、文脉肌理和色彩意象等。

仿生拟态：加拿大温哥华范杜森植物园游客中心为体现建筑与自然融为一体，创作了兰花一般的建筑形态。当地兰花的有机形态和自然体系给建筑设计带来很多灵感，如蜿蜒起伏的绿色屋顶象征着"花瓣"，大厅可开启的圆形玻璃天窗及铝制散热片象征着"花蕊"，入口处低碳夯土墙象征着"根茎"等。屋顶结构由花旗松建造，以五十余种不同形式的预制板构成，并集合电器、喷淋、视频设备。建筑与周围优美的自然环境和谐共荣，以新颖的方式回答了建筑与自然景观之间如何取得和谐平衡的问题。

动态形象：旧金山公共事业委员会新行政总部拥有一个利用风力驱动的"萤火虫"立面。这是用12.7cm见方的聚碳酸酯瓷砖拼成的连续序列，以展示建筑中风的力量。它利用风力驱动，产生千变万化的微妙表情。"萤火虫"立面能够让这座建筑中能量的流进流出显现于其形象，并优美地映射着建筑中光线的强弱变化，可以说是通过巧妙利用风能，对建筑周围的所有自然环境元素作出积极回应，表达了可持续发展理念下的建筑内在之美。

图2.159 旧金山公共事业委员会新行政总部的"萤火虫"立面（来源：《生态城市与绿色建筑》，2013夏季刊）

隐喻象征：竖向遮阳百叶

北京奥运会射击馆的设计引入一些成熟、可靠、易于维护操作的生态建筑技术，充分利用阳光、雨水、自然风等可再生资源，巧妙解决射击馆空调、用水、用电等能源问题。"节约能源消耗，降低建筑环境负荷"，以此作为设计的出发点和基本价值取向，并将之延续到建筑设计全过程、各个阶段的评价体系及审美逻辑中。

北京奥运会射击馆设计突出自然回归，将自然环境引入室内，与射击项目的起源相呼应。源于森林狩猎的运动特征，使其更贴近乐于接受更加自然的比赛环境。运动员在草地、蓝天和阳光下，追求精准，以静制动，比拼耐力和心理素质，使得这项运动展现出人与自然和谐相融的特征。建筑除了整体与自然环境的融合，表皮传达出建筑强烈的隐喻和象征意义。建筑幕墙外侧采用了木纹铝合金的竖向遮阳百叶。利用这样的百叶模拟自然的肌理变化，形成抽象的森林意向，与林中射击主题相呼应。

图 2.160 北京奥运会射击馆决赛馆观众入口幕墙（摄影：张广源）

图 2.161 北京奥运会射击馆的垂直遮阳百叶外观（摄影：祁斌）

文脉肌理：穿孔金属外挂板

徐州美术馆的建筑表皮的设计融合了地域传统文化。在观景长廊的外侧，设计了一个半封闭的室外观景空间，表皮材料采用穿孔金属板。穿孔图案选用徐州当地出土，十分具有代表性的汉代玉龙图案，通过抽象的手法提炼出点状化的五种孔径的穿孔元素，加上由汉代玉璧中很典型的谷纹图案中抽象出的六边形"谷纹"图样的凹凸挤压成形，在建筑表皮形成了一个十分有地方文化内涵的集装饰、通风、观景为一体的建筑表皮肌理。

金属穿孔板表皮与展厅外墙之间形成的灰空间成为了开放的市民艺术平台，可以通过室外楼梯直接到达，是举行群众性艺术展览交流活动的空间，也是日常开放的观景平台。在这里避免了因为要照顾展厅严格的人工光环境而牺牲的自然景观和采光的问题，让参观者在欣赏艺术作品之余还可以在半室外的艺术平台处观赏自然和城市景观，更突显建筑的社会公共价值和对自然资源的尊重利用。

这些特殊构造的表皮是建筑夜间表情的载体，也是通过光再次诠释建筑的载体。通过金属构架形成"冰裂纹"表皮分割造型，穿孔金属板勾勒出玉龙的形态，通过设置在"冰裂纹"造型框架四周的LED发光灯带，在夜晚将整个建筑点缀得晶莹剔透，并通过LED灯的程控变色，在不同时段让建筑展现出多姿多彩的表情，或优雅，或绚烂，或热烈，或沉静……通过光的表现，给整个建筑赋予动态的表现姿态，在不同时间创造出不同的环境氛围，给建筑以与众不同的艺术表现力和持久的吸引力，成为云龙湖畔的城市人文新景观。

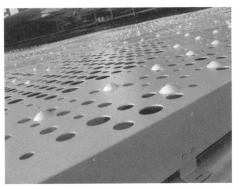

图 2.162 徐州美术馆表皮研究模型（摄影：祁斌）

图 2.163 徐州美术馆外挂穿孔金属板局部（摄影：祁斌）

图 2.164 徐州美术馆局部表皮样块施工现场
（摄影：祁斌）

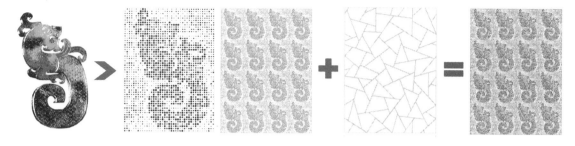

图 2.165　徐州美术馆表皮肌理生成概念图

图 2.166 徐州美术馆建筑局部（摄影：张广源）

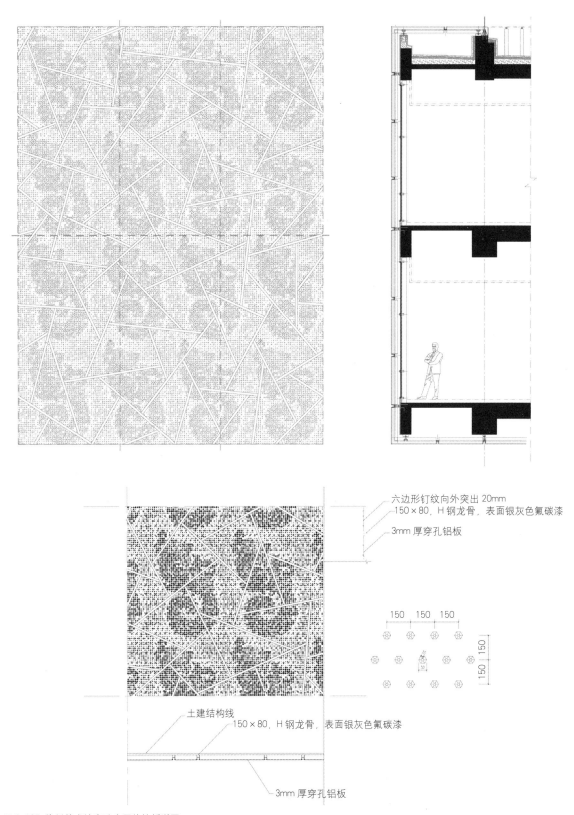

六边形钉纹向外突出 20mm
150×80，H 钢龙骨，表面银灰色氟碳漆
3mm 厚穿孔铝板

土建结构线
150×80，H 钢龙骨，表面银灰色氟碳漆

3mm 厚穿孔铝板

图 2.167 徐州美术馆穿孔金属外挂板详图

图 2.168 徐州美术馆半开放表皮内层形成的公共艺术展廊 (摄影: 祁斌)

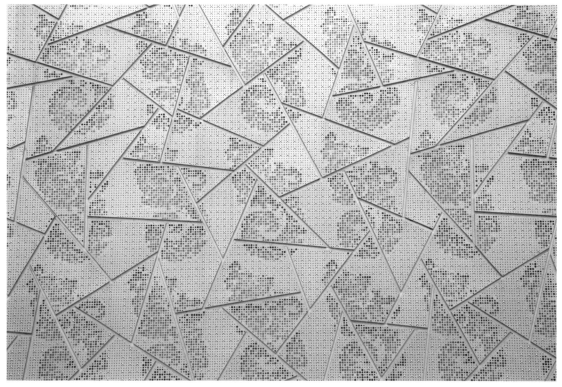

图 2.169 徐州美术馆穿孔金属表皮局部 (摄影: 张广源)

图 2.170 徐州美术馆二层平台局部（摄影：张广源）

色彩意象：马赛克内墙面

在几个垂直楼梯间的表面，选用了三幅具有代表性的徐州国画大师李可染先生的画作，通过色彩抽象的图像像素化处理，形成极具特色的表皮色彩装饰肌理，在建筑的细节里蕴涵着独具特色的地域文化内涵。

图 2.171 徐州美术馆图像解析表皮（摄影：张广源）

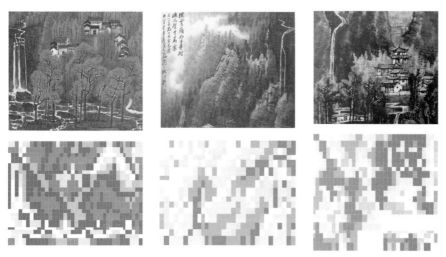

图 2.172 徐州美术馆表皮色彩图像生成解析

图 2.173 徐州美术馆楼梯筒体（摄影：张广源）

仿生拟态：铝板／玻璃外幕墙

　　徐州音乐厅的表皮造型设计展现出富有时代感的建筑形态语言和元素，甚至改变了整个城市建筑一贯的厚重色彩，描绘出城市的一个崭新面貌。徐州音乐厅建筑的外观来自紫薇花的形态，是希望借助市花的形态与城市的地域文化、环境形成共鸣。另外建筑本身是在景观节点上，所以它的形象应该具有更强的识别性。把具象的形态和抽象的建筑语言结合，用建筑的手法摹写一个自然的形态。建筑设计采用很现代的表现手法，希望展现城市"积极进取、充满活力"的一面。抽象的紫薇花、建筑化的紫薇花、简洁化的紫薇花，把建筑和地域人文特色相结合，在城市的艺术殿堂的设计中，传达出大众喜闻乐见的审美情趣，因而有了非常亲切的切入点。

　　音乐厅采用八瓣钢结构焊接，从外形上看形成了八个紫薇花瓣。上大下小的体形在建筑处理上是一个难点。设计采用了整体的钢结构外皮与钢筋混凝土内核相结合的结构体系。在施工过程中，整个钢结构体系整体吊装，整体受力，工艺要求很高。在材料上，建筑表面主要由两种材料构成：透明的玻璃和不透明的金属板。曲面的建筑造型对玻璃的透视性、安全性、几何准确性要求很高。每片玻璃都采取了三层构造，中间是空气夹层和安全胶结合层，玻璃片采用超白玻璃，保证整体安全、通透、节能。玻璃厚度达到 4.5cm，最大的大型玻璃重量接近 1t 重。建筑表面金属质感的部分采用的是双面双曲的铝蜂窝板，它的抗变形能力很强，抗撞击，抗风力，非常坚固，能满足建筑曲面的曲度、光滑度以及耐久性要求。

图 2.174 徐州音乐厅复合表皮施工现场（摄影：祁斌）

图 2.175 徐州音乐厅主入口（摄影：张广源）

图 2.176 徐州音乐厅表皮内侧
（摄影：陈尧）

图 2.177 徐州音乐厅观众休息厅全景
（摄影：陈尧）

为了突出音乐厅夜晚的景观效果，铝板上安装了 LED 灯具，可以产生群星闪耀的效果。另外在铝板的底部，还将 "紫薇花开" ——徐州音乐厅安装扫描灯，使音乐厅外形如同一个投影幕布一样。建筑的内外、白天与夜晚景观都是建筑内外统一的整体，整个建筑灯光设计突出的是内光外透，将内部的雅致氛围延伸到外部。

在徐州音乐厅里面欣赏音乐或者演出的时候，观众也许会看到非常独特的演出效果，徐州音乐厅的舞台后方可以打开，当演出剧情需要的时候，后幕提升，观众可坐在音乐厅看到云龙湖的整体外部景象。这种设计在国内是独一无二的，它源于这个特殊的场地，让优美的外部景观成为舞台的演出背景，将城市最美的景色引入建筑内部，内部的表演也因为建筑特殊的空间效果与整个城市有了互动。

图 2.178 徐州音乐厅的紫薇花造型
（摄影：张广源）

图 2.179 徐州音乐厅双曲面表皮玻璃施工做法图（摄影：祁斌）

图 2.180 徐州音乐厅室内（摄影：陈尧）

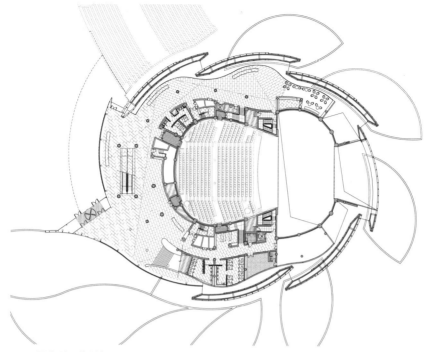

图 2.181 徐州音乐厅主入口层平面图

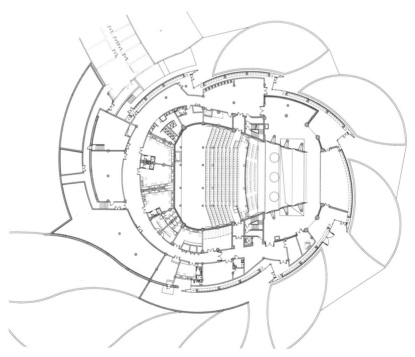

图 2.182 徐州音乐厅舞台入口层平面图

图 2.183 徐州音乐厅的外表皮局部（摄影：陈尧）

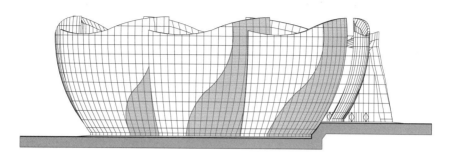

图 2.184 徐州音乐厅东立面

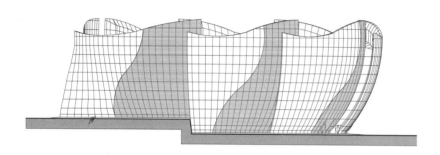

图 2.185 徐州音乐厅西立面

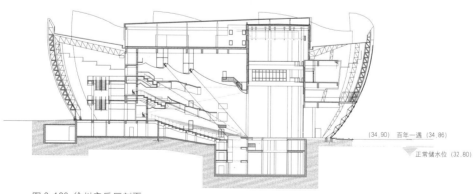

(34.90) 百年一遇 (34.86)

正常储水位 (32.80)

图 2.186 徐州音乐厅剖面

徐州音乐厅全景（摄影：陈尧）

第三章 建筑复合表皮体系工程设计关键参数

如前所述，建筑复合表皮体系类型众多，就单一表皮体系，其具备或者说影响建筑环境生态性能的方面也是多样化的。当建筑设计创作已经以环境生态为导向，从建筑创作的方法论层面对建筑设计的思维逻辑、价值倾向、技术集成、评价原则进行探索和实践，那么紧接着必须要开展的工作就是将各种类型表皮体系构造设计中与环境生态性能提升紧密相关的一些性能优化要点与工程设计关键构造参数落到实处。这些可能的表皮系统包括双层皮幕墙（DSF）、通风外墙及外挂板体系（预制清水混凝土外挂体系、陶板外挂体系、玻璃外挂体系）、新型玻璃、膜结构等。本章将对以上几种典型表皮体系的性能优化要点与工程设计关键构造参数的研究成果进行介绍。

3.1 双层皮幕墙（DSF）

双层皮幕墙历史沿革

20 世纪上半叶以来，玻璃幕墙在办公建筑当中的风靡程度至今未减。其简洁通透的外观效果给人以富有时代气息和技术力量的印象，因而吸引了众多建筑师以此来表达自己对现代建筑设计的理解和追求，也说服了诸多业主和开发商以此来展示企业雄厚的实力、透明开放的文化，提高商业建筑出租利润。[①]

然而，如果没有有效的外遮阳措施来配合，玻璃的温室效应往往会造成夏季室内过热，特别是对于窗墙比较大的东、西、南立面。但是外遮阳不仅不易于维护清洁，更重要的是它很可能会完全改变建筑师和业主原本追求的外观效果。因而很少有全玻璃幕墙建筑（特别是高层建筑）很少采用外遮阳。所以，尽管隔热性能不好，造成空调能耗比传统围护结构高很多，但单层玻璃幕墙配合内遮阳直到今天仍然是最常见的一种形式，遍布世界各大城市。而双层皮幕墙作为改变这种现状的一种探索，其概念雏形在 20 世纪 20 年代就产生了，即：遮阳帘置于两层玻璃幕墙之间的通道中，以通风排走遮阳帘吸收并释放到通道中的热量，既保持了建筑平整、通透的外观，也大大提高了遮阳效果。不过现代意义上的双层皮幕墙直至 1978 年才有了第一次实践，即位于美国纽约州的西方化学中心（也称胡克化学楼）。

在发展过程中，DSF 也有过另外一些相近的名称，如：呼吸式幕墙、通风幕墙（Ventilated Facade）、动态幕墙（Dynamic

---

① 刘晶晶，双层玻璃幕墙的节能设计研究，清华大学硕士学位论文，2006.

Facade)、GDF（Glass Double Facade）、多层皮幕墙（Multiple Skin Facade）、智能玻璃幕墙（Intelligent Glass Facade，范畴大于 DSF）等。许多学者和研究机构（Harrison、Saelens、BBRI 等）都给 DSF 下过定义。[1]总结起来，现代意义上的 DSF 有以下重要特征：两层玻璃幕墙之间为一条通道，其宽度依幕墙类型从 0.2m 到 1.5m 不等；通常，两层幕墙当中主要的一层采用隔热玻璃，而另外一层采用单层玻璃，位于主要幕墙的外侧或内侧；通道内设置有可调节的遮阳和导光构件；通道在供暖季节保持封闭可提高幕墙的保温效果，在供冷季节以自然或机械的方式通风带走其中的热量。

直到 20 世纪 80 年代后期和 90 年代 DSF 才得到了更多实践。原因是：一方面，能源危机和气候变化引起了全球性重视，建筑节能和建筑可持续性研究蓬勃发展；另一方面，计算机硬件和软件的不断进步，为研究 DSF 当中复杂的传热和空气流动提供了新工具，[2]如计算流体动力学（CFD）和动态热模拟等技术。目前，在欧洲、北美、亚洲（包括我国在内）等地区建成了上百座这类建筑。这些建筑采用 DSF 除了前述立面效果、隔热方面的考虑之外，也为处于噪声污染严重地段的建筑提供了安静的室内环境。使高层建筑实现自然通风也是常见的重要原因。

DSF 的分类有多种依据，由于通道通风是其最重要特征，通道的划分方式和通风方式成为最常用的分类依据。许多学者都按照通道的划分方式对 DSF 作过分类，[3]归纳起来常见的有：外挂式（不作划分）、走廊式（每层水平划分）、井式（垂直划分）、箱式（水平、垂直都划分）和井箱式（一条竖井为其旁边的两列箱式排风）。

按照通风方式 DSF 则可以分为：被动式、交互式和主动式。这三种形式 DSF 的内外两层幕墙在供暖季节都保持关闭以增加保温效果，而在供冷季节均以通风降低室内冷负荷。区别在于：被动式的通风方式完全是自然的；交互式当中的通风路线与被动式相同，但有机械动力辅助通风；主动式的通风则是依靠机械动力将室内空气吸入通道，经加热后从室内的排风管道排走。根据通道内的空气流动方向可以把前两类 DSF 统称为外循环式，而主动式称为内循环式。

另外一种被称作百叶窗式的 DSF（Louvers Facade）也属于外

---

① Poirazis H. Double skin facades for office buildings. Lund：KFS AB，2004：14-15.
② Crespo AML. History of the Double Skin Facades. http：//envelopes.cdi.harvard.edu/envelopes/content/resources/PDF/doubleskins.pdf
③ Poirazis H. Double skin facades for office buildings. Lund：KFS AB，2004：21-25.

循环式，通道划分和走廊式或外挂式相同，但并不是靠外层幕墙顶部和底部的进出风口来实现通风。其外层幕墙由一系列可以水平旋转的玻璃百叶板组成，旋开时可以最大限度地冷却通道，关闭时则形成保温空气层。

双层皮幕墙运行模式与热性能

1. 双层皮幕墙的典型运行模式

1) 外循环式双层皮幕墙的运行

外循环式DSF的一般构造是：外层幕墙采用固定的单层玻璃，上下设有进出风口，有的不可关闭，有的可电动开闭和调节开启率；内层幕墙才是室内外真正的分界，一般采用双层保温隔热玻璃窗扇，通常每两扇门窗设一个可开启扇，也有只设个别维护用开启扇的。两层幕墙之间的通道宽度较大，多在0.5～1.5m之间，每层设有可供行走的金属格栅。对于需要将上下层分开的类型（如走廊式），通常以钢化玻璃覆盖在格栅表面作楼板。通道内设有电动或手动的可升降、通常也可调节角度的百叶帘。

在冬季，外层幕墙的进出风口和内层幕墙的窗扇都保持关闭，这时通道就形成了一个缓冲层（Buffer Zone），其中的气流速度远低于室外，而温度则高于室外，从而减少了内层幕墙的向外传热量。通道中的百叶帘在白天只有会造成眩光时才降下来，太阳辐射在大部分时间都可以进入室内以增加室内得热，而夜晚则将其降下来遮挡天空冷辐射。

在夏季，外层幕墙的进出风口保持开启，百叶帘在白天大部分时间都降下来。通道内的空气被晒热的百叶显著加热，形成明显的垂直温度梯度，从而产生稳定的热压通风。另外，有风时在建筑表面不均匀分布的风压则是自然通风的主要动力。内层幕墙在白天关闭，防止通道内的热空气进入室内；而在夜晚打开自然通风以冷却室内，甚至在一定程度上实现蓄冷。百叶帘在夜晚升上去以利用天空冷辐射冷却房间。

在过渡季节，由于办公建筑内以冷负荷为主，DSF的运行模式和夏季相类似。所不同的是，在白天室外气温适宜时打开内层幕墙，自然通风可以带走室内的多余热量，从而推迟空调的使用。但是需要注意，当室外风压作用导致通道内的气流方向发生倒转时，可能会把热空气送进室内。

2) 内循环式双层皮幕墙的运行

内循环式DSF的一般构造是：外层幕墙采用双层保温隔热玻

璃，通常不可开启以确保保温和隔声效果。内层幕墙采用固定的单层玻璃，下面留有连接室内的进风口（有的能关闭，有的不能），上面和排风系统相连。通道宽度一般只有 0.15～0.30m，其中也同样放置百叶帘。

在冬季，如果进风口可关闭，则通道内形成和外循环式类似的缓冲层，遮阳百叶的操作也和外循环式相同。在夏季，打开排风系统（和进风口），则室内空气进入通道，将百叶冷却后从排风系统直接或间接地排到室外。与外循环式相比，通道内的空气温度和内层幕墙的内表面温度都更接近于室内温度，因而可以提高室内舒适度；百叶的冷却效果更有保证，也不会出现外循环式当中热空气倒灌入室内的情况；不过，由于不能自然通风，供冷运行期更长。

2. 双层皮幕墙的热性能

双层皮幕墙的热性能，包括热通道内部的空气温度分布和热压通风通风量以及双层幕墙内、外层表面温度。热性能参数通常包括通风量、太阳辐射的透过总量和传热量（传热系数）。主要指标传热系数 U（也称 K）值和太阳辐射得热系数 $SHGC$（Solar Heat Gain Coefficient）值，通常从测量数据和计算模型中得到。这些指标基于每块玻璃、空腔和遮阳的光学和热学性质。光学性质包括透过率、反射率和吸收率；热学性质包括长波发射率、气体层的对流换热系数、玻璃层导热系数和填充气体的导热系数。

1）传热系数 U 值

传热系数 U 的单位是 $W/(m^2 \cdot K)$。虽然玻璃等构件的 U 值受两侧表面的风速影响较大，计算时还是使用统一的标准值，通常在特定的温差下测得，实际运行中的不利条件下可能会更大。玻璃幕墙的传热系数 U_w 是 U_g（玻璃）和 U_f（窗框）的综合结果。

2）太阳辐射得热系数 $SHGC$

太阳辐射得热系数 $SHGC$ 表示幕墙对太阳辐射的透过性能，不仅包括直接透过的太阳辐射，还有遮阳构件或玻璃被加热后通过内层幕墙的 U 值引起的"二次得热"。$SHGC$ 值还和太阳入射角度有关，不过计算中使用的标准值通常基于光线垂直入射幕墙的情况。

双层皮幕墙关键构造参数分析

研究表明，双层皮幕墙的夹层通风量越大，描述其性能的等效传热系数 K_a 和综合对流换热系数 α_s 的调节范围也越大，越有利于提高双层皮幕墙全年节能收益[①]。因此，对于双层皮幕墙，其结构设计的最终目的就是如何获得最好的通风效果，即具备可调节的最大通风量。基于此，本节将分别讨论双层皮幕墙各种构造参数对可调节的最大通风量以及传热量的影响，包括通道宽度、进出风口构造与尺寸、遮阳位置、保温层位置和机械通风量几个方面。

1. 通道宽度

通道宽度（有效通风宽度）对夹层流动阻力以及通风量的影响如图 3.1 所示，双层皮幕墙的结构参数示意如图 3.2 所示。

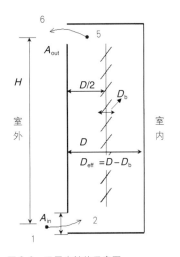

图 3.2　双层皮结构示意图

双层皮计算条件：
进出风口高差：$H=2.8m$；
进、出风口面积：$A_{in} = A_{out} = 0.3m^2/m$；
立面：进风口阻力系数：$\zeta_{in} = 2.0$；
出风口阻力系数：$\zeta_{out} = 3.0$；
百叶宽度：$D_b = 0.04m$；
百叶位置：通道中间位置 $D/2$ 处；
通道有效通风宽度：$D_{eff} = D-D_b$；
外夹层温度 36℃，内夹层温度 33℃，
外温 30℃

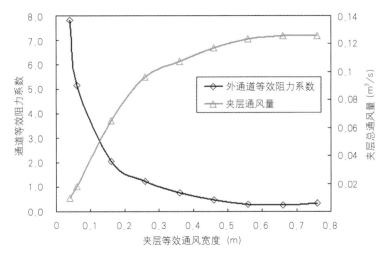

图 3.1　通道宽度对流动阻力与通风量的影响（来源：曾剑龙.性能可调节围护结构研究.清华大学博士学位论文，2006.）

由图 3.1 可以看出，当夹层等效通道宽度大于 0.4m 后，其通风量的增加已经趋于平缓（注：等效通风宽度与实际幕墙的夹层宽度有较大出入，通常情况下夹层通道有各种结构的横竖框，都会一定程度上减少夹层的等效通风宽度）。

通道宽度对传热量的影响如图 3.3 和图 3.4 所示：

由图 3.3 可以看出，通道较宽时，通风良好，夹层温度比外

---

① 曾剑龙.性能可调节围护结构研究.清华大学博士论文，2006.

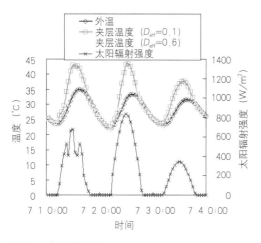

图 3.3　夹层温度分布

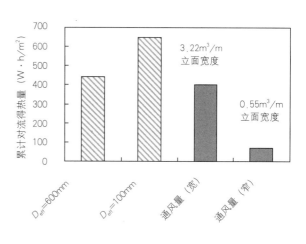

图 3.4　累计量热量与通风量比较（来源：曾剑龙．性能可调节围护结构研究．清华大学博士学位论文，2006．）

温高 3～4℃；而当通道很窄时，夹层温度可比外温高 10℃ 以上。而图 3.4 显示，尽管窄通道与宽通道在自然通风量上差别很大（差 3 倍以上），但其隔热效果区别不大（进入室内的对流换热量仅相差 32%），这是因为尽管由于通风使得夹层空气温度降低了许多，但这时的夹层其他热表面（如百叶）等对内幕墙的辐射换热已经成为其热量传递的主要方式。因此，要想得到更好的隔热效果，还应该减少夹层得热表面（如百叶内侧表面）的长波发射率。

综合考虑通风与隔热性能，自然通风方式的双层皮幕墙有效通风宽度不宜小于 200mm。

计算条件：
夏季典型日气象数据（7-1～7-3）；南向幕墙，幕墙结构：单玻＋百叶＋Low-E 中空玻璃（传热系数 $K = 1.6$，$SHGC = 0.45$），宽通道（有效通风宽度 600mm），窄通道（有效通风宽度 100mm）

2. 进出风口的构造与尺寸

各种不同开口形式通过影响局部阻力系数，从而影响通风量。一般而言，立面无遮挡的开口，其阻力系数约为 2.5，且基本不随开口大小变化而改变。孔板开口和悬窗开口的阻力系数变化曲线如图。

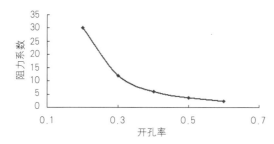

图 3.5　孔板开口，开孔率与阻力系数关系曲线

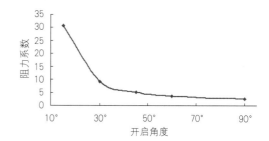

图 3.6　悬窗开口，开启角度与阻力系数关系曲线

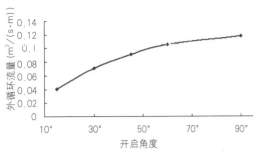

图 3.7　开启角度与流量变化曲线

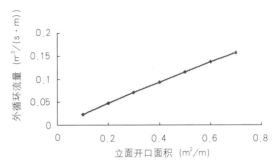

图 3.8　流量与开口面积变化曲线

计算条件：
进出风口高差 H=2.8m；
进、出风口面积 A_{in} = A_{out} = 0.3m²/m
立面；
百叶位置在通道中间位置 $D/2$ 处；
通道有效通风宽度 D_{eff} =0.7m；
外夹层温度 36℃，内夹层温度 33℃，
外温 30℃；
开口形式为上悬窗

由上图可以看出，对于孔板开口，当开孔率小于 0.3 时，进出风口的阻力系数迅速增加；而对于悬窗开口，当开启角度小于 30°时，阻力系数也迅速增加。对于算例采用的悬窗形式，分别计算了不同开启角度与开口面积情况下的通风量的大小，结果如图 3.7、图 3.8 所示。

由此可见，对于悬窗而言，开启角度越大，夹层流量越大，流量增加速度渐慢。此外，立面开口面积对夹层流量变化影响也非常大，如图 3.8 所示，流量与开口面积呈正比关系。因此，在不影响立面美观的前提下，开口面积越大越好。

3. 遮阳位置

由图 3.9 可以看出，随着百叶位置向室内侧移动，夹层通风量逐渐增加，但过了夹层宽度的一半以后，增加趋于平缓；而进入室内的对流换热量开始时随夹层通风量的增加而减少，但当百叶位置比较靠里时又反而增加了。这是因为当百叶比较靠近里侧时，尽管总通风量是增加的，但夹层内通道的通风量由于阻力的

计算条件：
进出风口高差：H=2.8 m；
进出风口面积：A_{in} = A_{out} = 0.2m²/m
立面；
进风口阻力系数 ζ_{in} = 2.0；
出风口阻力系数 ζ_{out} = 3.0；
通道宽度：D=0.4m；
百叶宽度：D_b=0.04m；
百叶位置：$x \cdot D$，x=0 表示百叶紧贴外幕墙，x=1 表示百叶紧贴内幕墙；
室外温度 32.76℃，室内温度 26℃；
外立面太阳辐射强度：366 W/m²

图 3.9　隔热性能比较（来源：曾剑龙．性能可调节围护结构研究．清华大学博士学位论文，2006.）

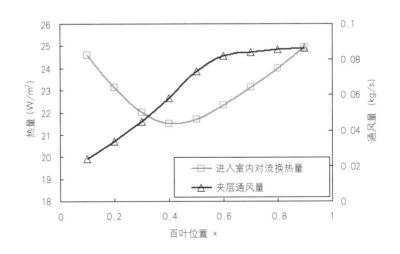

增加是反而减少的，这时夹层内通道的温度反而升高了，从而造成进入室内的热量增加。当百叶位置 $x=0.4$，进入室内侧的对流换热量最少。因此可以得到如下结论：百叶位置处于中间偏外侧一点（$x=0.3\sim0.5$）的位置可以获得最佳的隔热效果。

4. 保温层的位置

分别比较不同通风形式（内、外循环）以及不同保温层设置（内、外保温）情况下幕墙的传热特性。

内保温幕墙结构：（外）单玻 + 百叶 + Low-E 中空玻璃（内）

外保温幕墙结构：（外）Low-E 中空玻璃 + 百叶 + 单玻（内）

其中保温层指的是 Low-E 中空玻璃，其热工性能参数：传热系数 $K = 1.6\text{W}/(\text{m}^2 \cdot \text{K})$，$SHGC = 0.45$。

幕墙结构的示意图如下：

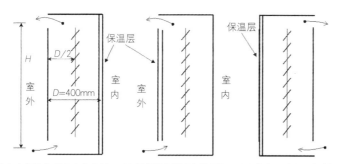

(a) 内保温外循环自然通风　(b) 外保温外循环自然通风　(c) 外保温内循环机械通风　　图 3.10　幕墙结构示意图

不同外温、太阳辐射强度情况下，各种幕墙的传热量比较如下：

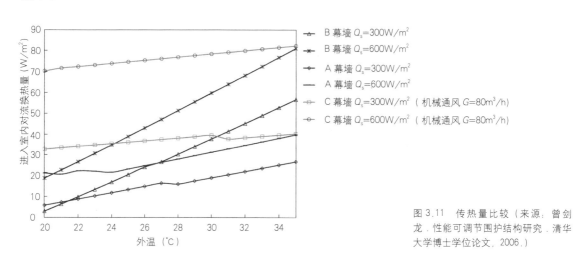

图 3.11　传热量比较（来源：曾剑龙．性能可调节围护结构研究．清华大学博士学位论文，2006.）

由上图中进入室内对流换热量与外温的斜率可以看出，外温对 D 种幕墙（外保温外循环）影响较大，而 A、C 两种幕墙的隔热受外温影响较小。当立面辐射强度较小（300W/m²）时，平均外温低于 21.5℃ 时，隔热性能的由好到差的顺序为：B、A、C；而当外温高于 21.5℃、低于 30℃ 时，上述次序为：A、B、C；当外温高于 30℃ 时，次序则为 A、C、B；而当立面辐射强度较大（600W/m²）时，当平均外温高于 21℃ 时，幕墙隔热性能的由好到差的顺序均为：A、B、C。

由此得出结论：不同的气候条件下，不同类型幕墙的隔热性能存在较大差异，应根据当地实际的气象数据进行选择设计。通常情况下，外温越高，太阳辐射强度越大，则 A 幕墙（内保温外循环自然通风）结构的隔热性能就越明显（与 B、C 相比）。

5. 机械通风量

由前面关于夹层宽度的分析可以知道，当夹层有效通风宽度很小，如小于 100mm 时，夹层的流动阻力会变得很大，如果仍依靠烟囱效应进行通风势必会减弱通风效果，这种情况下，可以采用辅助机械通风的方式来强化夹层的通风，分析如下算例：

计算条件：进出风口高差：$H=2.8$m；进、出风口面积：$A_{in} = A_{out} = 0.02$m²/m 立面；通道宽度：$D=0.14$m；百叶宽度：$D_b = 0.04$m；室外温度：30.1 ℃；室内温度：26℃；外立面太阳辐射强度：386W/m²；外循环幕墙结构：单玻＋百叶＋Low-E 中空玻璃（传热系数 $K = 1.6$，$SHGC = 0.45$）

由图 3.12 可以看出，随着通风量的增加，其夹层温度与进入室内的对流传热量都减少，但是，如果考虑机械通风所需

（注：$Q_z = Q_c + Q_{fan} \times COP$，式中的 COP 为普通空调系统的 COP，取平均值2.8，Q_{fan} 为每平方米幕墙面积的风机耗电（W/m²）＝通道压力损失 × 通风量／立面的高度）

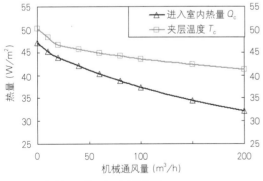

图 3.12　机械通风量于与对流传热量

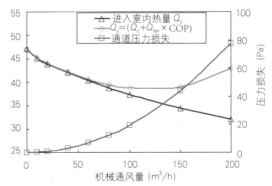

图 3.13　机械通风量总能量收益[①]（来源：曾剑龙.性能可调节围护结构研究.清华大学博士学位论文，2006.）

---

① 注：Q_z 越小，隔热效果越好，即总能量收益越大。

消耗的能量后，其总的能量收益就不一定是增加了，如图 3.13 所示。对于算例中的机械通风外循环幕墙，其最佳的通风量为 100 ~ 150m³/h，如果再加大通风量，则其总的能量收益反而会降低。

双层皮幕墙优化设计技术准则

1. 与建筑设计过程的结合

针对双层皮幕墙的设计，建筑设计过程中的三个阶段（方案设计、初步设计和施工图设计）应该各自有不同的任务和相应的辅助设计手段。

在方案设计阶段，由于已确定的建筑信息非常有限，应主要依据其他工程经验和理论研究的基本结论，再结合具体的气候和周边环境作出初步判断，结合建筑室内空间组织整体考虑，同时利用粗糙的模型开展模拟计算以辅助淘汰和选择方案。

在初步设计阶段，建筑的基本尺寸、结构和空调形式有待确定，可以对既有的几个方案与 HVAC 系统组合，进行全生命周期经济分析和全年能耗分析，选择最佳组合方案，方法主要是利用 CFD 和能耗模拟软件，对于重要建筑还应该进行风洞实验和幕墙足尺实验。

在施工图设计阶段，主要任务是深入优化选定的方案，推敲尺寸设计，完成空调系统容量设计和自动控制方案，可依靠 CFD 模拟计算优化双层皮幕墙的尺寸和出入口设计，以能耗模拟软件辅助空调系统设计。这样可以使得双层皮幕墙和建筑有机结合，建筑师与工程师有效合作，整个决策和设计过程有章可循。

2. 双层皮幕墙优化设计准则

1）开口形式

双层皮幕墙目前常见的开口形式有无遮挡型、孔板型、悬窗型以及格栅型，各种不同开口形式通过影响局部阻力系数，从而影响通风量。一般而言，立面无遮挡的开口，其阻力系数约为 2.8，且基本不随开口大小变化而改变。可设置挡板型进出口，在炎热的夏季抬高挡板用于通风，冬季或雨天放下挡板，关闭夹层。其他几类开口的阻力系数变化曲线如图 3.14 ~ 图 3.16。

由上图可以看出，对于孔板开口，当开孔率小于 0.3 时，进

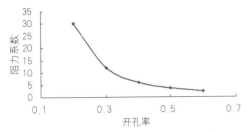

图 3.14　孔板开口，开孔率与阻力系数关系曲线

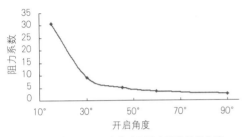

图 3.15　悬窗开口，开启角度与阻力系数关系曲线

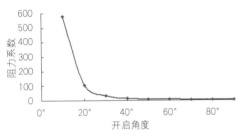

图 3.16　格栅开口，格栅角度与阻力系数关系曲线

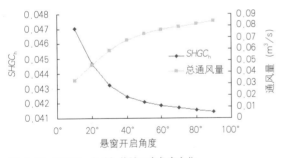

图 3.17　通风量、$SHGC_h$ 值随开启角度变化

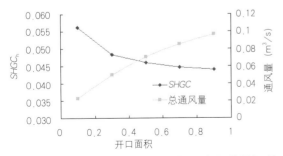

图 3.18　通风量、$SHGC_h$ 值随开口面积变化（来源：曾剑龙 . 性能可调节围护结构研究 . 清华大学博士学位论文，2006.）

出风口的阻力系数迅速增加；对于悬窗开口，当开启角度小于 40° 时，阻力系数也迅速增加；对于格栅式开口，格栅角度小于 40° 时，阻力系数迅速增加。

以悬窗形式为例，不同开启角度下的通风量与 $SHGC_h$ 值如图 3.17 所示。随着开启角度的增加，通风量增大，$SHGC_h$ 值减小，但二者增减的幅度不一致。当角度从 10° 变到 90°，通风量增大了近三倍，$SHGC_h$ 减少约 12%。然而，当角度大于 50° 以后，$SHGC_h$ 值的减小幅度趋于平缓。因此立面悬窗的推荐开启角度为 40° 以上。

双层皮幕墙的热工性能同样受开口面积影响，如图 3.18 所示，其 $SHGC_h$ 随开口面积增大而减小。开口面积每增大 1 倍，通风量约增大 0.5 倍，$SHGC_h$ 减少约 3.5%。因此，在不影响立面美观及日常使用的基础上，夏季立面开口面积越大越有利于减小对流得热量。

准则 1：挡板型进出口最有利于通风散热，立面悬窗的开启角度不应小于 40°，孔板进出口开孔率不应小于 0.3，格栅型进出口格栅角度不应小于 40°；

准则 2：得热量随开口面积增大而减小，在不影响立面美观的前提下，开口面积越大越有利。

2）百叶位置

百叶在夹层中的位置，不仅决定了内外通道的间距，进而影响内外通道的阻力系数，更重要的是，由于自然通风夹层间距一般都比较大，因此百叶在夹层中的位置决定了百叶被阳光直射照射的面积。因此，百叶在通道中的位置不仅与通道间距相关，而且受太阳高度角、立面朝向的影响。以通道宽度 0.8m 为例，计算夏季典型日，百叶在夹层不同位置的双层皮热工性能，结果如下图所示。图中百叶位置代表外通道间距与通道总间距的比值，0 代表外通道间距为 0，1 代表内通道间距为 0。

图 3.19 和图 3.20 所示为中午 12：00 时各种参数随百叶位置变化图。当百叶由外向内移动时，夹层温度和总通风量都随之增加，通风散热量也增加，因而 SHGC 值减少。原因是夹层通道较宽，夹层顶板起到了外遮阳的作用，当百叶靠内时，很大一部分太阳辐射射到夹层底板以后，被空气流动带走或直接反射出室外。因而从减小室内得热的角度来看，12：00 时百叶靠近内玻较好。

对夏季典型日工作时间段（8：00am ～ 17：00pm）内，双层皮围护结构的得热量累加，结果如图 3.21 所示。可见随着百叶位置的向内移动，得热量减少，百叶靠内 0.9 的位置比 0.1 的位置，得热量减少近一半。

准则 3：当夹层宽度较大时，夏季南立面百叶靠近内玻放置为宜。

3）夹层间距

为研究夹层宽度对得热及通风量的影响，将内通道间距定为 0.2m，变化外通道间距，计算结果如图 3.22 所示。随着夹层宽度的增加，SHGC 值减小，但当夹层宽度超过 1m 后，SHGC 值基本保持不变。整体上，夹层间距每增大 0.1m，SHGC 值减小约 10%

准则 4：夹层间距一般不宜小于 0.2m，间距越宽隔热性能越好，但无须大于 1m。

4）夹层高度

在双层皮夹层自然通风设计中，有多层串联通风和单层通风两种方式。从图 3.23 和图 3.24 可以看出，随着夹层高度的增加，虽然热压作用加强，通风量增加，但夹层温度升高，导致整体热工性能变差，$SHGC_h$ 值随高度迅速增加。当高度从 3m 增加到 5m，对流得热量值约增加 35%。此外，在设计单层独立通风的时候，应该注意防止出现下层排风影响上层入风的情况，可以通过立面交错开口的方式加以避免。

准则 5：自然通风幕墙鼓励采用单层独

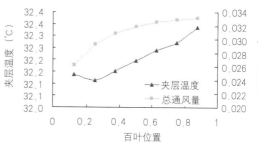

图 3.19 12：00 夹层温度和通风量变化曲线

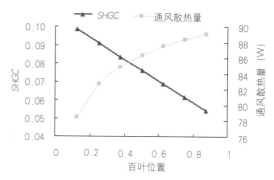

图 3.20 12：00 夹层 SHGC 和散热量变化曲线（来源：曾剑龙. 性能可调节围护结构研究. 清华大学博士学位论文，2006.）

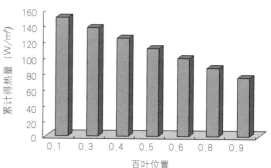

图 3.21 典型日得热量累加图

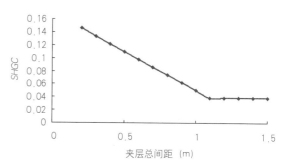

图 3.22 夹层间距对 SHGC 的影响

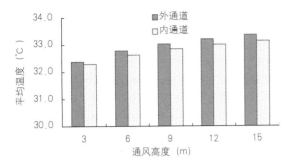

图 3.23 夹层温度随高度变化量变化曲线

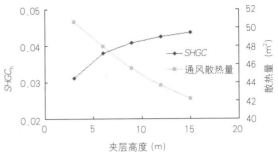

图 3.24 $\Delta SHGC_h$ 和通风散热量随高度变化量变化曲线

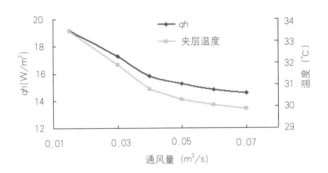

图 3.25 qh 及夹层温度随通风量变化

立通风，并应在设计中注意防止上下层串风的情况。

5）机械通风幕墙通风量

机械通风幕墙受热压影响很小，其通风量主要由风机功率决定。通风量变化时，室内得热及夹层温度变化如图所示。得热量与夹层温度均随通风量增加而降低，当通风量超过0.04m³/s以后，qh 减少速度变慢。此时考虑到风机电耗随风机功率的增加而增加，因此，机械通风量不是越大越好，应综合风机效率，存在一个最优值。

准则 6：机械通风幕墙通风量越大，室内得热量越少。但通风量并非越大越好，因为风机也耗能，应综合考虑风机电耗，取二者综合能耗最低值。

3.2 通风外墙

通风外墙是在原有外墙的外面设置一层半透明或非透明的刚性材料外墙面层，如瓷砖、金属材料或玻璃等，其工作原理示意如图3.26所示。外墙面层的设置，一方面可以起到防护层的作用，保护外墙不受外界冲击；另一方面相当于一个遮阳层把外墙置于它的遮挡下，同时借助夹层空气的流动把外墙面吸收的辐射热带走，使得在夏季外墙获得较好的遮阳隔热效果，而在冬季，关闭立面上下的进出风口，保持夹层空气的密闭性，可以适当增加外墙的热阻，减少冬季外墙的散热。[①]

通风外墙现在应用在一些高档住宅中，图 3.27 是北京两个高级住宅区内的通风幕墙应用实例。

典型通风外墙

1. Trombe 墙

如果将通风外墙空腔与相邻房间利用墙顶和墙脚的通风活

(a) 干挂瓷板面砖　　　(b) 干挂彩釉玻璃幕墙

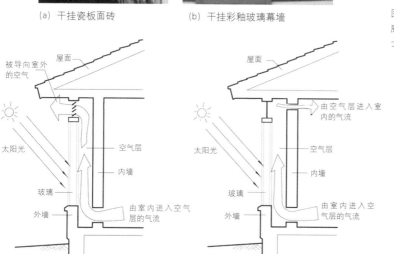

(a) 夏季　　　(b) 冬季

图 3.28　Trombe 墙工作原理示意图

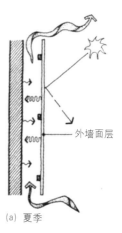

(a) 夏季

(b) 冬季

图 3.26　通风外墙工作原理示意图

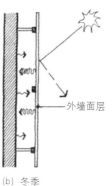

图 3.27　通风外墙应用实例（来源：林威．新型围护结构应用研究．清华大学硕士学位论文，2008.）

----

① 林威．新型围护结构应用评价研究．清华大学硕士学位论文，2008.

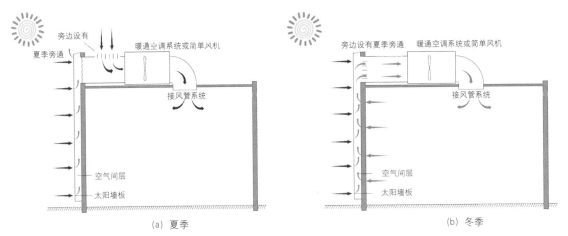

(a) 夏季   (b) 冬季

图 3.29　太阳墙工作原理示意图

门连接起来，就构成了 Trombe 墙，其工作原理如图 3.28 所示。太阳通过透明玻璃面层照射到墙体上，墙体被涂成黑色以加强对太阳辐射的吸收，表面温度升高，同时加热夹层空气。冬季建筑需要热量时，可将房间墙顶和墙脚的通风活门打开，玻璃立面上的开口关闭，夹层的空气便可供给室内。夏季建筑需要散热时，可将墙顶的通风活门关闭，同时将玻璃立面上的开口打开，这样便可将室内空气引入夹层，冷却被晒热的外墙表面，再排到室外。

2. 太阳墙

太阳墙由集热和气流输送两部分系统组成。[①]集热系统为垂直墙板，一般为金属板材，覆于建筑外墙的外侧，上面开有小孔，与墙体的间距一般在 100 ～ 200mm 左右。气流输送系统包括风机和管道。太阳墙板材与外墙形成的空腔与建筑内部通风系统的管道相连，管道中设置风机，用于抽取空腔内的空气。

太阳墙的工作原理如图 3.29 所示。冬季建筑需要热量期间，深色的金属太阳墙板材被太阳辐射加热，外部空气由太阳墙上的小孔抽入空腔内。空腔中的空气被加热，通过风机和风管被分送到建筑的各个部分。夜晚，墙体向外散失的热量被空腔内的空气吸收，在风机运转的情况下被重新带回室内。这样既保持了新风量，又补充了热量。夏季建筑需要散热期间，太阳墙可起到遮阳的效果，防止太阳光直射外墙。空腔内空气受热上升，从太阳墙板上部和周围的孔洞流出。

太阳墙系统能够利用太阳能采暖、有效通风，较好地解决

① 许瑾．住宅太阳墙的原理与使用．住宅科技，2006(2)：25 ～ 29．

(a) 德国 Erlangen 市市政厅大楼　　　　　(b) 瑞士 Wasag 大楼

(c) 加拿大 Bombardier 飞机公司组装

图 3.30　太阳墙在国外的应用实例
（来源：林威．新型围护结构应用评价研究．清华大学硕士学位论文，2008．）

了太阳能利用和建筑设计一体化的问题，在欧美国家已经得到广泛应用。[①]图 3.30 是太阳墙系统在国外应用的一些实例，如德国的 Erlangen 市市政厅大楼、加拿大 Bombardier 飞机公司组装厂、瑞士 Wasag 大楼等。在国内太阳墙系统现在也逐步开始应用，如图 3.31 中所示的奥运村幼儿园和山东建筑大学梅园学生宿舍。

通风外墙与实体墙性能比较

分别对寒冷地区的北京、夏热冬暖地区的广州的住宅建筑采

---

① 王崇杰，何文晶，薛一冰．欧美建筑设计中太阳墙的应用．2004(8)：76-78.

(a) 奥运村幼儿园

(b) 山东建筑大学梅园学生宿舍

图 3.31　太阳墙在国内的应用实例（来源：林威．新型围护结构应用评价研究．清华大学硕士学位论文，2008.）

用性能可调通风外墙与常规实体墙的全年能量收益进行比较。对于性能可调的通风外墙，在冬季关闭立面的开口，利用密闭空气夹层可以适当增加外墙热阻，而在夏季则打开立面上的通风口进行通风，减少太阳辐射得热的同时，在外温较低时，还可以适当增加围护结构的散热。比较两个地区不同朝向性能可调围护结构与常规不可调围护结构的全年能量收益，如图 3.32 所示：

由图 3.32 可以看出，对于北京地区保温性能好（$K=0.6W/(m^2 \cdot K)$）的外墙来说，通风外墙对围护结构的全年收益影响是十分有限的，约提高了 10% 左右的收益；而对于不太注重保温（$K=2.0W/(m^2 \cdot K)$）的广州，通风外墙对能量收益的影响要大得多，相当于减少了约一半左右的负收益。

由以上分析可以看到，由于采用了夹层通风可调节的措施，通风外墙可获得比实体墙更好的能量收益。此外，通风外墙更适用于夏季炎热而围护结构不太注重保温的夏热冬冷、夏热冬暖地区。

结构参数对通风外墙性能调节范围的影响

夹层宽度对性能参数 K_a、α_s 调节范围的影响如下所示：

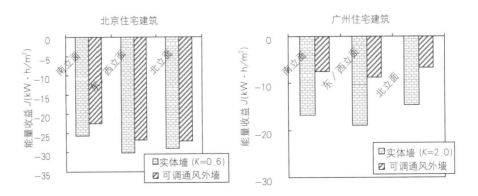

图 3.32　北京、广州可调通风外墙与实体墙比较（来源：曾剑龙．性能可调节围护结构研究．清华大学博士学位论文，2006.）

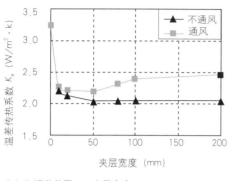

(a) K_a 调节范围——夹层宽度

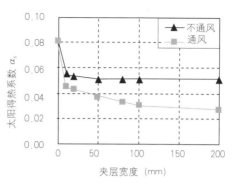

(b) α_s 调节范围——夹层宽度

由图 3.33 可以看出，随着夹层宽度的增加，K_a、α_s 的调节范围都在增大，当夹层宽度超过 100mm 后，K_a、α_s 的调节范围基本上保持不变了。综合考虑除热区间内的能量收益，可以得到外墙获得最佳的能量收益时的夹层宽度不小于 100mm。

同样可以得到当通风外墙的立面开口大小为每米立面宽度开口面积为 0.05 ～ 0.10m² 时，通风外墙 K_a、α_s 具有最佳的调节范围和能量收益。

外墙面吸收率对性能调节与收益函数 J_t（t 时刻）的影响如图 3.34 所示：

由传热方程可以知道，外墙吸收率的改变仅会对 α_s 有影响。由图 3.34 可以看出，随着外墙吸收率的增加，α_s 的调节范围也会增加，但由于 α_s 的绝对值也增加，因此其总的能量收益是下降了，如图 3.35。此外，由图 3.34 还可以看出，采用较小太阳辐射吸收率的外立面，直接减少太阳辐射的吸收，比利用太阳辐射加热夹层利用通风进行隔热的效果更为有效。

注：外墙结构：200mm 混凝土 + 200mm 空气层 + 5mm 瓷砖，其他计算条件与前面算例相同；夹层通风方式为自然通风

图 3.33　夹层宽度对性能调节范围的影响

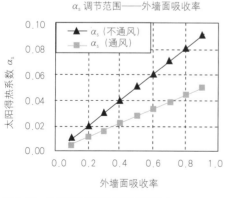

图 3.34　外墙吸收率对性能调节的影响

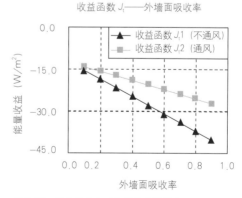

图 3.35　外墙吸收率对能量收益的影响

透光＋非透光表皮系统性能特征

Trombe 墙以及图 3.36 所示的点幕结构属于透光＋非透光表皮系统。

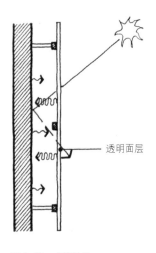

图 3.36　点幕结构

它与通风外墙的区别在于，外挂在原有外墙面的结构为透明的面层，通常是玻璃幕墙。与实体外墙相比，该种结构使得原有实体墙的等效太阳辐射得热系数提高了许多，在需要热量的冬季有利于减少采暖能耗。但是，等效太阳辐射得热系数的提高在夏季也会导致过热的问题，因此需要采用措施调节，手段通常有两种：一是在通风夹层内加遮阳，二是夹层通风。

以北京地区建筑为例，比较通风可调点幕结构、通风不可调点幕结构以及保温性能相同的实体墙结构的全年能量收益，如下图所示：

由上图可以看出，对于所有朝向，通风可调节点幕结构的全年能量收益都要大于通风不可调的点幕，尤其是在除热区间内太阳辐射强度大的东、西、南立面；与保温性能相同的实体墙相比，通风可调的点幕结构在南向可获得最好的能量收益，而其他朝向的能量收益并不明显；对于通风不可调的点幕结构，除了南向的收益比实体墙好外，其他朝向均比实体墙要差。

同样，可以得到不同围护结构（遮阳可调点幕结构、遮阳不可调点幕结构以及保温性能相同的实体墙结构）的全年能量收益比较，如下图所示（仍以北京地区住宅建筑为例）。

图 3.38 与图 3.37 相似，对于所有朝向，遮阳可调节点幕结构的全年能量收益都要大于遮阳不可调的点幕；对比图 3.38 与图 3.37 还可看出，对于算例的点幕结构，通风可调与遮阳可

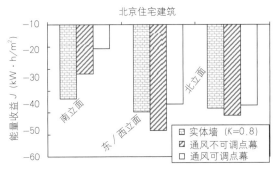

注：通风不可调指的是夹层无通风的点幕结构

图 3.37　围护结构通风可调全年能量收益比较（来源：曾剑龙．性能可调节围护结构研究．清华大学博士学位论文，2006.）

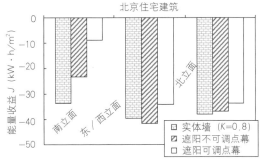

注：遮阳不可调指的是夹层遮阳始终处于落下状态

图 3.38　围护结构遮阳可调全年能量收益比较（来源：曾剑龙．性能可调节围护结构研究．清华大学博士学位论文，2006.）

调对围护结构热性能的改善程度基本上一样，在南立面可获得较好的能量收益，而其他朝向的能量收益并不明显。如果能把两种调节措施相结合，可以增大围护结构性能 K_a、α_s 的调节范围，进一步提高全年的能量收益。

综合考虑夹层可调通风与遮阳后，点幕围护结构的能量收益得到了进一步提高；如果采用强化通风换气的措施，在南立面可以获得正的能量收益（对于北京住宅建筑）。

关于不同地区、不同类型建筑的适用性分析：对于严寒与寒冷地区的住宅建筑南向，不采用任何措施的点幕结构可以获得比实体墙更好的能量收益，相比较而言，不太寒冷的北京的收益更为明显；而对于夏热冬暖地区的广州，即使是采用了通风可调措施，其能量收益仍比不上相同保温性能的实体墙。

此外，由北京地区不同类型建筑的比较来看，发热量越大的建筑，点幕结构的能量收益就越差（保温性能相同的实体墙相比）。因此，即使是在寒冷地区，对于非住宅建筑要慎重选用该种类型的围护结构形式。

3.3 新型玻璃

折光玻璃

折光玻璃利用三棱镜折射原理，把直射光变为漫射光，可有效阻止阳光直射，营造柔和室内的光照，可实现照明节能及采光均匀性。亦可与镀膜结合，实现遮阳和保温。图 3.41 是折光玻璃在建筑中的应用实例。

性能可变玻璃

性能可变玻璃主要是指辐射透过特性可变的玻璃，根据导致玻璃辐射透过特性变化原理的不同，一般可分为两种类型：电致变色玻璃与温控调光玻璃。两种类型玻璃的结构相类似，

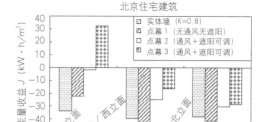

注：点幕 3 除了具备可调通风与可调遮阳措施外，还采用了强化 α_s 的措施，如内层墙面涂成黑色，提高表面吸收率（对总辐射吸收率为 0.7）；玻璃内表面镀 Low-E 膜增加夹层热阻

图 3.39 围护结构遮阳可调全年能量收益比较（来源：曾剑龙.性能可调节围护结构研究.清华大学博士学位论文，2006.）

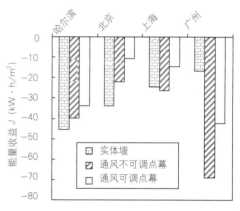

（a）不同地区住宅建筑（南向）

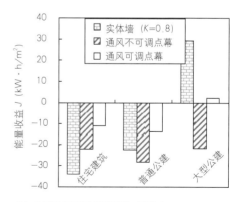

（b）北京地区不同类型建筑（南向）

图 3.40 不同地区、不同类型建筑点幕的能量收益分析（来源：曾剑龙.性能可调节围护结构研究.清华大学博士学位论文，2006.）

图 3.41　折光玻璃的应用（来源：林威．新型围护结构应用评价研究．清华大学硕士学位论文，2008．）

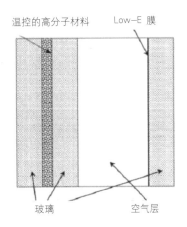

温控的高分子材料　　　Low-E 膜

玻璃　　　空气层

图 3.42　性能可变玻璃结构示意图

通常是在两块玻璃中间夹上一种材料，如类似于液晶材料可以利用电极的控制来调节材料的透光特性，或者是类似相变材料的物质，温度变化导致材料物性变化而实现透过率的调节。其结构示意如图 3.42 所示。其中，电致变色玻璃[①]的玻璃板间的空腔包含液体晶体，其状态可以根据需要通过施加电流加以改变。当断开开关时，液晶层呈牛奶状且会使入射光发生散射，一旦打开开关，液晶层几乎是透明的。通过电流开关实现采光、遮阳等的可调控，如图 3.43 所示。由于变色材料的厚度很薄，因此其等效传热系数的变化很小。

尽管性能可变玻璃可以实现对可见光透过率较大范围的调节（60%～17%），但由于其吸收率较高（对红外辐射的吸收），其等效太阳得热系数通常不小于 0.2，介于内、外遮阳的隔热性能之间。因此，在无法采用外遮阳的一些立面上，性能可变玻璃可为一种选择。但是，在注重防晒隔热的炎热地区要慎用，或者必须与有效的外遮阳一起使用。

此外，根据该种类型玻璃的透过、吸收特性可提出进一步降低太阳辐射得热量措施。例如在其里层的玻璃表面镀上 Low-E 膜，增加向里的辐射热阻，减少吸收的热量向室内侧传递，或者是将其制作成固定的外遮阳形式，在调节可见光透过率的同时，自身吸收的热量由外环境带走。

① 张成林，等．电致变色玻璃窗．建材工业信息，2001(2)：17～18

图 3.43　电致变色玻璃的应用（来源：林威．新型围护结构应用评价研究．清华大学硕士学位论文，2008.）

3.4 多层膜结构

随着建筑技术、材料科学的发展，膜材料被越来越多地应用到建筑领域中。目前常用的建筑膜材料主要分为三类，[①]分别为：PTFE 膜材料，它的织物基材为玻璃纤维，膜材涂层的主要成分为聚四氟乙烯树脂（PTFE）；PVC 膜材料，它的织物基材为聚酯类、聚酰胺类纤维的织物，它的涂层主要成分为聚氯乙烯类 PVC 树脂；ETFE 膜材料，无织物基材，主要成分为乙烯－四氟乙烯共聚物。前两类膜材料也被称为织物类膜材料，因为织物纤维的存在使它具有抗拉性能，ETFE 膜材料因为没有织物基材，所以不适宜作为具有抗力要求的结构膜面，但它允许产生大的弹性形变，且透光性能与玻璃接近。由于膜结构具有质轻等特点，所以将它们用于大跨度的建筑中，可以大大降低结构的自身承重，减少建筑结构负荷。膜结构在国外的应用较多，如英国国家太空中心博物馆（ETFE）、德国慕尼黑安联体育场（ETFE）、阿联酋 Burj 大酒店（PTFE）等。表 3.1 是三种膜材料的性能对比情况。

由于薄膜很薄，单层膜的太阳光透过率在 90% 以上，因此，可以采用多层膜的结构。这样，在利用多层薄膜之间的空气层获得较好保温性能的同时，还不会使太阳辐射得热系数降低太多，

---

① 吴清，唐钜，那向谦．ETFE 膜面材料与气袋膜在屋面工程中的应用．第 15 届全国结构工程学术会议论文集（第Ⅲ册），2006

三种膜材料的性能比较   表 3.1

	PVC 为面层的聚酯织物	PTFE 为面层的玻璃织物	ETFE
抗拉强度：经向 / 纬象 （kN/m）	115/102	124/100	10/12 （0.25mm 膜材）
织物的重量 （g/m²）	1200 （类型 3）	1200 （类型 G5）	437.5
可见光的透过率 （%）	10 ~ 15	10 ~ 20	> 95
弹性 / 折痕的恢复能力	高	低	高
适用寿命 （年）	15 ~ 20	> 25	> 25
成本	低	高	高

(a) 德国慕尼黑安联体育场

(b) 英国国家太空中心博物馆

(c) 阿联酋 Burj 大酒店

图 3.44　膜结构在国外的应用实例
（来源：林威 . 新型围护结构应用评价研究 . 清华大学硕士学位论文，2008.）

对于需要热量的寒冷地区不失为一种理想的结构形式。由于 ETFE 薄膜自身很薄，单层薄膜厚度不超过 0.5mm，因此可忽略膜材本身的热阻。为获得良好的保温性能，可以通过充气的方式，在多层膜之间形成多个空气夹层，利用空气层的热阻来实现结构的保温。当采用 5 层 ETFE 薄膜的结构，其传热系数 K 值可以降至 1.0 W/(m² · K) 左右。此外，在两个相对膜层表面交错地镀上反射率高的涂层，就可以通过调节气枕的压力改变气枕形状，从而改变太阳辐射的透过特性。在气枕从关闭到完全打开的状况，其太阳辐射得热量的调节范围和等效传热系数都会随着改变，完全关闭时，两张膜紧贴一起，热阻几乎为 0，而完全打开时，则相当于增加一个空气层的热阻，约为 0.15 (m² · K)/W。

为了实现对太阳辐射得热量的可调节，可在相对的两层薄膜表面镀上反射率高的涂层，通过调整充气的压力改变薄膜气枕的形状从而改变气枕的太阳辐射透过率；同时在形状调节过程中，空气夹层的间距的改变还可实现对综合传热系数的调节。

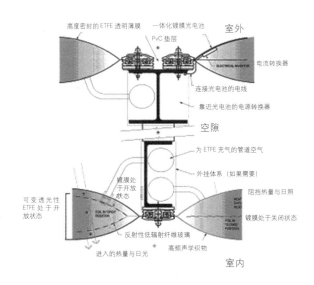

图 3.45　ETFE 多层充气膜构造图（来源：林威. 新型围护结构应用评价研究. 清华大学硕士学位论文，2008.）

北京奥运会射击馆资格赛馆休息厅自然采光（摄影：张广源）

第四章　典型建筑复合表皮体系
性能测试及后评估

目前，对于建筑复合表皮体系还没有形成一个相对完善的测试和后评估的体系，研究相对较多的是对于双层皮幕墙的相关性能测试。而针对双层皮幕墙的测试，主要集中在对幕墙本身的相关性能参数的测试，如幕墙内外不同空气层的温度和玻璃表面温度，幕墙内部空气的流动，以及与幕墙相邻的房间温度，对幕墙系统遮阳性能的测试，对幕墙隔声性能的测试。测试的方法一个是搭建试验平台，例如幕墙的单元模型、房间模型，另一个就是对实际建成的项目进行测试。除了对幕墙本身的性能测试，目前实际工程应用中比较缺乏结合建筑室内环境性能测试来对复合表皮体系进行相对综合的评价。

对建筑复合表皮体系进行性能测试以及后评估的目的主要包括以下几个方面：

1）通过对建筑复合表皮体系本身的相关性能参数的测试，了解复合表皮的实际性能参数，与理论设计值进行对比；

2）通过对室内环境性能的测试，对建筑复合表皮体系的综合性能有一个全面的了解，反馈设计，有助于在设计前期对方案综合权衡；

3）在研究层面上，也可以通过实际测试，对设计中应用的相关理论模型进行验证和修正。

本章将结合典型建筑案例，对建筑复合表皮体系相关的性能测试实例和后评估方法进行介绍。

4.1 北京奥运会射击馆复合表皮体系赛时测试结果

2008 北京奥运会射击馆建筑声学测试

厅堂名称：决赛馆

测量时间：2007 年 6 月 11 日 17：30

测量仪器类别和型号：见测量框图

厅堂混响时间测试（空场）

1. 测量框图：

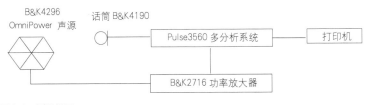

图 4.1　测量框图

2. 各测点混响时间频率特性表（空场）

各测点混响时间频率特性表（单位：s）　　表 4.1

测点位置	125Hz	250Hz	500Hz	1kHz	2kHz	4kHz
R1	1.46	1.04	1.35	1.48	1.51	1.25
R2	1.61	1.44	1.44	1.51	1.50	1.31
R3	1.06	1.20	1.36	1.54	1.50	1.32
R4	1.13	1.26	1.30	1.36	1.38	1.21
R5	1.62	1.15	1.21	1.31	1.36	1.14
平均值	1.38	1.22	1.33	1.44	1.45	1.25

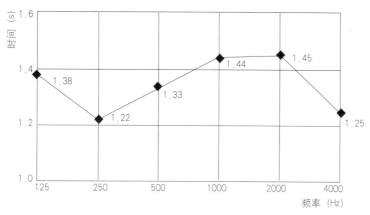

图 4.2　室内混响时间平均值曲线（单位：s）

3. 各测点背景噪声频率特性表

背景噪声测试状态：空调关闭（单位：dB）　　表 4.2

频率	125Hz	250Hz	500Hz	1kHz	2 kHz	4 kHz	A 声级
声压级	30.1	22.8	24.3	22.9	16.3	11.0	33.9

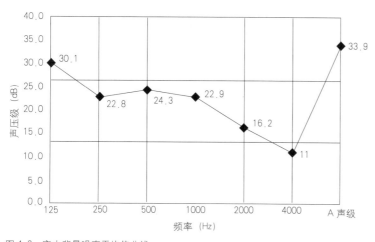

图 4.3　室内背景噪声平均值曲线

4.2 北京奥运会射击馆复合表皮体系赛后测试结果

室内自然采光测试

1. 采光测试基本情况

测试仪器：Kyoritsu 5201 数字式照度计
测试内容：射击馆室内自然采光效果，测试室内照度，计算采光系数

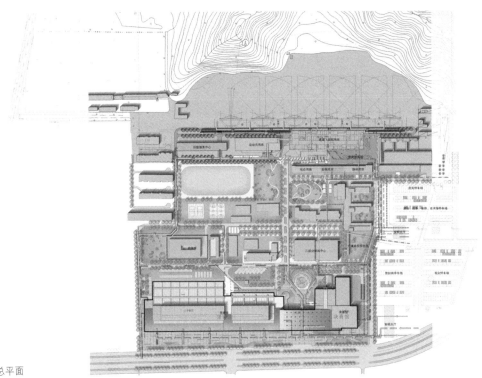

图 4.4　射击馆总平面

2. 室内自然采光测试结果

1）决赛馆二层南侧观众休息厅自然采光照度分布情况

决赛馆南侧立面为设计的智能生态呼吸式遮阳双层皮幕墙，为了测试幕墙自然采光效果，选择了决赛馆二层南侧观众休息厅作为采光测试对象。测试得到决赛馆二层南侧观众休息厅平面自然采光照度分布情况见如下各图，计算得到该区域的自然采光照度均值为 992lux，采光系数均值 4.6%，自然采光效果良好，同时没有产生明显眩光。

图4.5 决赛馆二层南侧观众休息厅实景（摄影：张广源）

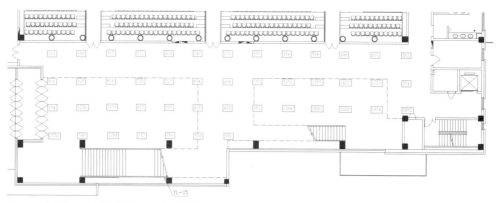

图4.6 决赛馆二层南侧观众休息厅自然采光照度分布（单位：lux）

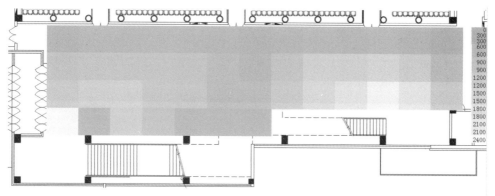

图4.7 决赛馆二层南侧观众休息厅自然采光照度分布（单位：lux）

图 4.8　靶位上方的采光天窗
（摄影：祁斌）

2）资格赛馆 10m 移动靶场自然采光照度分布

资格赛馆 10m 靶场为室内靶场，比赛厅射手位上后方设置采光天窗，在采光玻璃屋面下增加了柔光磨砂片和百叶格栅透光吊灯，为射手及前排观众提供自然采光，也防止室内眩光对运动员射击比赛的影响。同时在受弹靶位上方设置采光天窗和防眩光挡板，保证靶位的采光和视觉功能要求。

测试得到室内采光照度纵向分布情况见下列各图，计算得到自然采光照度均值：90lux，靶位的采光系数 2.0%，观众及裁判区域采光系数均值 2.0%。

3）资格赛馆观众休息厅中庭自然采光照度分布

资格赛馆观众休息厅的顶端，在金属屋面中央局部设置采光天窗，采用高天窗的布局，实现采光与排烟的双重功能。在下方设置铝型材仿木格栅吊顶，柔化进入室内的阳光，营造舒适人性的室内环境。

实际采光效果测试情况见如下各图。由图可以看到，自然采光照度均值为 782lux，计算得到的采光系数均值为 5.8%，自然采光效果良好。

图 4.9　室内采光玻璃屋面
（摄影：祁斌）

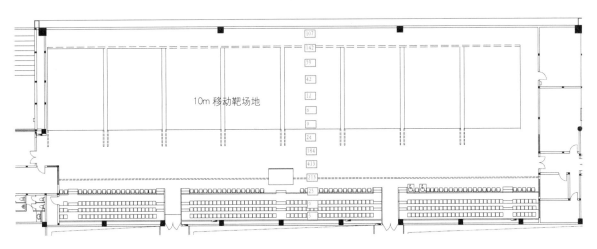

图 4.10　10m 移动靶采光照度分布情况（单位：lux）

图 4.11　资格赛馆观众休息厅中庭实景（摄影：张广源）

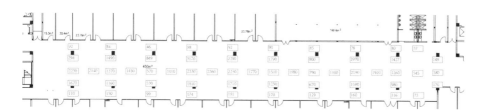

图 4.12　资格赛馆观众休息厅中庭自然采光照度分布情况（单位：lux）

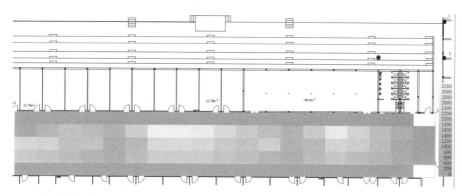

图 4.13　资格赛馆观众休息厅中庭自然采风照度分布情况（单位：lux）

室内背景噪声及混响时间测试

1. 测试基本情况

测试仪器：TES1358 音频分析仪
测试内容：室内背景噪声及混响时间

2. 测试结果

1）室内背景噪声测试结果

对资格赛 25m 靶场和决赛馆室内背景噪声测试结果如下表，由表可以看到，在白天场馆内室内背景噪声不到 30dB，满足要求。

表 4.3

背景噪声测试结果

	25m 靶场	决赛场
等效 A 声级 （dB）	29.8	24.9

2）室内混响时间测试结果

对资格赛馆 10m 靶场、25m 靶场、50m 靶场以及决赛馆的混响时间测试结果见下表。由表中可以看到，主要比赛厅的空场混响时间为 1.2～1.4s，达到比较理想的声环境条件。

表 4.4

室内混响时间测试结果

混响时间（s）	频率（Hz）						
	125	250	500	1k	2k	4k	8k
10m 靶场	0.5	0.7	0.8	0.8	0.8	0.6	0.3
10m 看台 1	0.6	0.6	0.8	0.8	0.9	0.7	0.3
10m 看台 2	0.5	0.7	0.9	0.9	0.9	0.7	0.4
10m 看台 3	0.5	0.8	0.6	0.8	0.6	0.5	0.4
25m 靶场	0.6	0.5	0.9	1.0	1.2	0.9	0.4
25m 看台	1.0	0.6	0.9	0.8	0.7	0.5	0.5
50m 靶场	0.8	0.6	0.5	1.5	1.8	1.2	0.4
50m 看台 1	2.6	0.4	0.7	1.7	2.1	0.6	0.3
50m 看台 2	0.8	0.6	0.8	1.5	1.2	0.7	0.4
决赛场场地	1.2	1.1	1.1	1.3	1.3	0.9	0.5
决赛场看台 1	0.7	1.0	1.0	1.2	1.1	0.8	0.6
决赛场看台 2	1.1	1.0	1.2	1.3	1.3	0.8	0.5
决赛场看台 3	0.8	1.1	1.3	1.4	1.4	0.9	0.5
决赛场看台 4	1.2	1.0	1.2	1.3	1.4	0.9	0.6
决赛场看台 5	1.3	1.1	1.2	1.4	1.4	1.0	0.6
决赛场看台 6	1.2	1.4	1.2	1.4	1.3	1.1	0.6
决赛场看台 7	1.2	1.2	1.2	1.4	1.2	1.0	0.7
决赛场看台 8	1.4	1.1	1.0	1.4	1.4	1.1	0.7
决赛场看台 9	1.2	1.1	0.9	1.4	1.4	1.0	0.4
决赛场看台 10	0.9	1.2	1.1	1.3	1.3	0.9	0.6
决赛场看台 11	0.9	1.0	1.0	1.4	1.3	1.0	0.7
决赛场看台 12	1.3	1.3	1.1	1.4	1.2	0.8	0.4
决赛场看台 13	1.4	1.1	1.3	1.4	1.3	1.0	0.6
决赛场看台 14	1.2	1.1	1.1	1.4	1.2	0.8	0.4
决赛场看台 15	1.3	1.2	1.1	1.5	1.2	0.9	0.7

过渡季室内温度测试

1. 测试基本情况

测试仪器：WZY-1 温度自记仪
测试内容：过渡季无空调运行情况下，室内外温度变化情况

2. 测试结果

本次测试分别测试了资格赛 50m 馆、决赛馆以及资格赛各层中庭走廊的温度变化情况，结果见如下各图。

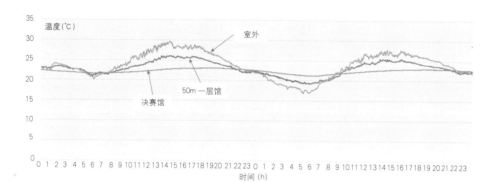

图 4.14　资格赛 50m 馆和决赛馆室内温度变化情况

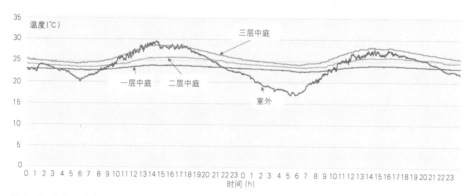

图 4.15　资格赛馆各层中庭走廊温度变化情况

统计各测点温度大小见下表：

温度测试统计结果　　　　　　表 4.5

	室外	资格赛50m馆	决赛馆	一层中庭	二层中庭	三层中庭
全天平均温度	23.9	23.0	22.3	23.3	24.6	26.2
白天平均温度	26.9	24.6	22.5	23.5	25.1	27.3
夜间平均温度	20.8	21.4	22.2	23.1	24.2	25.2
最高温度	29.6	26.0	23.0	23.9	25.9	28.7
最低温度	17.0	19.2	21.3	22.4	23.4	24.1

从统计结果可以看到，过渡季无空调情况下，实测室外平均温度 23.9℃，室内资格赛馆平均温度 23.0℃，中庭底层平均温度 23.3℃，决赛馆平均温度 22.3℃，在自然通风状况下，室内温度适宜，能够有效降低空调能耗。

测试总结

本次测试主要针对北京奥运会射击馆的室内环境品质进行测试评价，包括室内噪声和声学性能、自然采光效果以及室内温度情况。通过测试和对结果的计算分析，主要结论如下：

1）对于场馆内背景噪声，从测试结果可以看到，资格赛馆背景噪声 29.8dB，决赛馆背景噪声 24.9dB，均不超过 30dB，隔声效果良好。同时，对于资格赛馆 10m 靶场、25m 靶场、50m 靶场以及决赛馆的混响时间测试结果可以看到，主要比赛厅的空场混响时间为 1.2～1.4s，达到比较理想的声环境条件。

2）对于室内温度的测试结果可以看到，在过渡季，场馆内没有空调运行的情况下，实测室外平均温度 23.9℃，室内资格赛馆平均温度 23.0℃，中庭底层平均温度 23.3℃，决赛馆平均温度 22.3℃，在自然通风状况下，室内温度适宜，因此能够有效降低空调能耗。

3）通过对射击馆自然采光的测试，从计算的采光系数结果可以看到，对于室内比赛馆，靶位的采光系数达到了 2.0%，同时观众及裁判区域的采光系数均值也达到了 2.0%。资格赛馆中庭的采光系数均值达到了 5.8%，决赛馆观众休息厅采光系数均值达到了 4.6%。

4）场馆自然采光能够满足《绿色建筑评价标准》中一般项"5.5.11 办公、宾馆类建筑 75%以上的主要功能空间室内采光系数满足国家标准《建筑采光设计标准》(GB/T 50033) 的要求"，以及优选项"5.5.15 采用合理措施改善室内或地下空间的自然采光效果"的要求。

5）射击馆室内声环境能够满足《绿色奥运建筑评估体系》中"Q2 室内物理环境质量 −Q2.1 声环境 −Q2.1.1 室内实测噪声级"条款中对于体育馆背景噪声的最高得分要求（≤ 45dB (A)）。室内采光系数能够满足"Q2 室内物理环境质量 −Q2.2 光环境 −Q2.2.1 房间的采光系数"条款中对于体育场馆的最高得分要求（顶部采光系数均值≥ 2.5%）。

Q2.1.1 室内实测噪声级 表4.6

建筑类型	居住与住宅建筑	办公建筑	体育馆
得分	噪声声级		
1	白天≤50dB（A），夜间≤40dB（A）	≤50dB（A）	≤55dB（A）
2	—	—	—
3	白天≤45dB（A），夜间≤35dB（A）	≤45dB（A）	≤50dB（A）
4	—	—	—
5	白天≤40dB（A），夜间≤30dB（A）	≤40dB（A）	≤45dB（A）

徐州美术馆建
筑外观（摄影：
张广源）

丰田汽车中国研发中心事务栋

地点：
江苏省常熟市

建筑面积：
8200m²

竣工时间：
2013 年

设计方：
日本株式会社日建设计

评价：
国家绿色建筑设计三星级标识

加拿大温哥华范杜森植物园游客中心

地点：
加拿大不列颠哥伦比亚省温哥华市奥克街 5151 号

建筑面积：
1810m²

竣工时间：
2011 年

设计方：
perkins+will 建筑设计事务所

评价：
美国绿色建筑认证体系 LEED 白金级认证

昆士兰全球变化研究所

地点：
澳大利亚布里斯班昆士兰大学

建筑面积：
3865m²

竣工时间：
2013 年

设计方：
澳大利亚 HASSELL 设计集团

评价：
教育类六星级绿星评估认证

阿倍野 Harukas 大厦

地点：
大阪市中心阿贝野区

建筑面积：
306000m²

竣工时间：
2014 年

设计方：
竹村工务店

评价：
日本绿色建筑评价 "CASBEE" 最高等级 S 级认证

武汉光谷生态艺术展示中心

地点：
武汉花山生态新城

建筑面积：
18800m²

竣工时间：
2012 年

设计方：
华东建筑设计研究院有限公司

评价：
国家绿色建筑设计三星级标识、绿色建筑创新奖

旧金山公共事业委员会新行政
总部

地点：
金门大街 525 号

建筑面积：
257800m²

竣工时间：
2012 年

设计方：
KMD 建筑师事务所 、Stevens Associates

评价：
美国绿色建筑认证体系 LEED 白金级认证

中新生态城城市管理服务中心

地点：
天津中新生态城北端

建筑面积：
5175m²

竣工时间：
2010 年

设计方：
北京墨臣建筑设计事务所

评价：
天津生态城绿色建筑评估标准认证、LEED 认证、绿建三星、2010 法国罗阿大区－时代建筑生态建筑奖第一名、第六届中国建筑学会建筑创作奖

新加坡邱德拔医院

地点：
新加坡北部义顺镇

建筑面积：
108000m²

竣工时间：
2010 年

设计方：
新加坡 CPG 咨询有限公司

评价：
2009 年绿色标志白金奖（建设局绿色建筑标志计划）、2010 年高层建筑景观设计奖，第一名（新加坡建筑师学会和新加坡国家园林局颁发）

香港理工大学专上学院红磡湾校区

地点：
香港理工大学

建筑面积：
26300m²

竣工时间：
2007 年

设计方：
AD+RG 建筑设计及研究所有限公司、创智建筑师有限公司（合作伙伴）、王维仁建筑设计研究室（合作伙伴）

评价：
香港环保建筑大奖 2008 "新建筑类别" 优异奖

环境国际公约履约大楼

地点：
北京市西城区桃园危改小区

建筑面积：
22470m²

竣工时间：
2009 年

设计方：
北京建筑设计研究院

评价：
住房和城乡建设部绿色建筑示范工程验收及绿色建筑认证、三星级绿色建筑运行标识认证

中国普天信息产业上海工业园智能生态科研楼

地点：
上海市奉贤区

建筑面积：
14487m²

竣工时间：
2009 年

设计方：
东南大学建筑学院、东南大学建筑设计研究院

评价：
绿色建筑十佳设计方案（住房和城乡建设部科技发展促进中心和美国能源基金会评选）

像素大楼

地点：
205 Queensbury Street, Carlton, 澳大利亚维多利亚州

建筑面积：
1000m²

竣工时间：
2010 年

设计方：
studio505

评价：
绿色之星满分建筑、美国 LEED 评价系统 105 分（LEED 评价系统中得分最高的建筑）

上海自然博物馆

地点：
上海市静安雕塑公园

建筑面积：
45086m²

竣工时间：
2012 年

设计方：
同济大学建筑设计研究院有限公司、美国帕金斯威尔建筑设计公司

评价：
国家绿色建筑设计三星级标识

青岛天人集团办公楼

地点：
青岛市崂山区

建筑面积：
6385m²

竣工时间：
2008 年

设计方：
清华大学建筑学院、清华大学建筑设计研究院

评价：
2009 教育部优秀建筑设计二等奖、第六届中国建筑学会建筑创作奖

深圳万科城四期绿色住区

地点：
深圳市龙岗区坂田街道坂雪岗工业区

建筑面积：
126000m²

竣工时间：
2009

设计方：
深圳市万科房地产有限公司

评价：
绿色三星设计标识住区、绿色三星评价标识住区

株洲规划展览馆

地点：
湖南省株洲市天元区天台路

建筑面积：
10430m²

竣工时间：
2010 年

设计方：
清华大学建筑设计研究院

评价：
参照二星级绿色建筑标准

万宝至马达株式会社总部

地点：
东京郊外松户市

建筑面积：
19169m²

竣工时间：
2004 年

设计方：
日本设计株式会社

评价：
日本绿色建筑评价"CASBEE"最高等级 S 级认证

苏州工业园区档案管理综合大厦

地点：
苏州工业园区金鸡湖畔

建筑面积：
82680m²

竣工时间：
2011 年

设计方：
苏州工业园设计研究院有限公司

评价：
2011 全国绿色建筑创新奖

尼桑先进技术研发中心

地点：
日本神奈川县横滨市

建筑面积：
70000m²

竣工时间：

设计方：
日本设计株式会社

评价：
日本绿色建筑评价"CASBEE"最高等级S级认证

山东交通学院图书馆

地点：
济南市区南部

建筑面积：
15000m²

竣工时间：
2002 年

设计方：
清华大学建筑学院、北京清华安地建筑设计顾问有
限责任公司绿色所

评价：
2006 教育部优秀建筑设计一等奖、2007 建设部绿
色建筑创新奖综合一等奖

2008 年奥运会柔道跆拳道馆（北
京科技大学体育馆）

地点：
北京市海淀区

建筑面积：
24662m²

竣工时间：
2007 年

设计方：
清华大学建筑设计研究院

评价：
中勘协优秀建筑设计二等奖、奥运工程科技创新奖

墨尔本市政府绿色办公楼

地点：
墨尔本小科林斯街 200 号

建筑面积：
12536m²

竣工时间：
2006 年

设计方：
DesignInc 建筑事务所与墨尔本市议会合作

评价：
六星级绿色建筑认证

中国北方国际射击场

地点：
北京市昌平区

建筑面积：
20866m²

竣工时间：
2011 年

设计方：
清华大学建筑设计研究院

评价：
北京市第十六届优秀工程设计奖（二等奖）

2008 年奥运会北京射击馆

地点：
北京市石景山区

建筑面积：
47626m²

竣工时间：
2007 年

设计方：
清华大学建筑设计研究院

评价：
华夏建设科学技术奖、国家设计银奖、鲁班奖、詹
天佑奖、奥运工程绿色设计奖

徐州美术馆

地点：
江苏省徐州市

建筑面积：
23114m²

竣工时间：
2009 年

设计方：
清华大学建筑设计研究院

评价：
教育部优秀设计一等奖、建筑学会创作大奖优秀奖

徐州音乐厅

地点：
江苏省徐州市云龙湖北岸

建筑面积：
13300m²

竣工时间：
2011 年

设计方：
清华大学建筑设计研究院

评价：
2010 年中国钢结构金奖（国家优质工程）、中勘协优秀
设计一等奖、建筑学会创作大奖银奖

徐州音乐左主入口
局部夜景（摄影：
张广源）

后 记

　　本书是作者及科研团队以奥运工程为起始，持续十多年开展的"基于环境生态导向的建筑复合表皮创作方法、关键技术及应用示范"研究课题的成果总结，这些方法和关键技术在北京奥运工程等 12 项重点工程已经得到推广应用，实现了较为显著的节能减排和经济、社会效益。该研究得到了包括中国工程院院士刘加平教授、全国设计大师张宇等专家的积极评价和高度肯定，认为成果总体上达到了同类研究国际先进水平，其中在大型公共建筑复合表皮建构原理和设计方法方面的成果达到国际领先水平。

　　然而，基于环境生态的建筑复合表皮创作方法和关键技术的研究工作尚未完结。结合国家"十二五"科技支撑课题的新的科研工作的开展，本研究成果将继续拓展更多工程领域需求，完善相关创作方法、设计策略和建构关键技术。本书的总结即将成为课题后续研究和新的工程领域推广应用的阶段性输入。我们期望不断持续推进此项研究，最终能为建筑师在大型复杂功能公共建筑的方案创作中提供新的设计方法论指导，为大型公共建筑复杂表皮体系提供新的建构体系和解决思路，为跨专业协同实现建筑复合表皮系统的性能优化提供定量化的技术准则。

　　真诚希望本书成为我国生态设计理论研究与工程实践的有价值的资料与记载。

图书在版编目（CIP）数据

环境生态导向的建筑复合表皮设计策略 / 庄惟敏,
祁斌, 林波荣著. — 北京：中国建筑工业出版
社, 2014.7
　ISBN 978-7-112-17116-3

　Ⅰ.①环… Ⅱ.①庄… ②祁… ③林… Ⅲ.①建筑物－
外墙－建筑设计 Ⅳ.①TU227

中国版本图书馆CIP数据核字(2014)第159093号

责任编辑：徐　冉
装帧设计：肖晋兴
责任校对：姜小莲　刘　钰

环境生态导向的建筑复合表皮设计策略

庄惟敏　祁斌　林波荣　著
*
中国建筑工业出版社出版、发行（北京西郊百万庄）
各地新华书店、建筑书店经销
北京晋兴抒和文化传播有限公司制版
北京中科印刷有限公司印刷
*
开本：787×1092毫米　1/16　印张：11¼　字数：220千字
2014年7月第一版　2014年7月第一次印刷
定价：39.00元
ISBN 978-7-112-17116-3
　　　（25881）

版权所有　翻印必究
如有印装质量问题，可寄本社退换
（邮政编码　100037）